KB251372

관리자는 잠수사를
물에 보내는
마지막 사람이다

관리자는 잠수사를 물에 보내는 마지막 사람이다

The supervisor is the last person who sends a diver into the water.

정준상 지음

좋은땅

저자 정 준 상

**"현장 실무 37년의 통찰로
안전과 효율을 설계하는 산업잠수 총괄관리자"**

국립군산대학교 박사수료

현) 서울산업잠수학원 원장

현) ㈜산업잠수협동조합&해양산업기술연구소 대표

현) 국립군산대학교 해양산업기술교육센터 전담교수

특허 제10-2625079- PDCS Portable Diving Control Console

Decompression Chamber CE 인증(Conformite Europeenne), Kiwa korea

ISO 9001/14001, IAF International Accreditation Forum

KCS- Qt-130LH-S304 자율안전확인인증

KCS- Qt-1000LH-S304 자율안전확인인증

KCS- Qt-130LH-S304-34 자율안전확인인증

KCS- DC-101 자율안전확인인증

PSAI Professional Scuba Association International Instructor Examiner

직업능력개발훈련교사 잠수, 용접, 직업상담

잠수재압챔버 운영사 자격증 평가관

잠수안전 지도자 자격증 평가관

산업잠수는 물속에서 이루어지는 작업이라는 이유만으로 종종 기술의 문제로만 이해된다.

그러나 실제 현장에서의 산업잠수는 기술 이전에 **관리의 문제**이며, 장비 이전에 **판단의 문제**이고, 무엇보다 사람에 대한 이해가 전제되지 않으면 결코 안전할 수 없는 작업이다.

산업잠수 사고의 대부분은 예기치 못한 상황에서 발생하지 않는다.
그 사고들은 이미 예측 가능한 위험이 누적된 끝에 발생하며, 그 누적의 과정에는 항상
"알고 있었지만 넘겼던 것",
"괜찮을 것이라 판단했던 것",
"지금은 감당할 수 있다고 믿었던 것"이 자리한다.

이 책은 바로 그 **넘어갔던 판단의 순간들**을 다시 돌아보기 위해 쓰였다.
잠수사는 물속에서 혼자 작업하는 것처럼 보이지만, 산업잠수는 결코 개인의 일이 아니다.

하나의 잠수에는 계획, 관리, 통제, 지원, 판단이라는 수면 위의 수많은 결정이 동시에 작동하고 있으며, 그 결정 하나하나가 잠수사의 생명과 직결된다.
따라서 산업잠수는 용기나 경험만으로 완성되지 않는다.
그것은 **체계와 책임이 있을 때만 성립하는 작업**이다.

본 도서는 산업잠수를 단일한 기술 영역이 아닌, **안전관리-스트레스-표면공급식 잠수 시스템**이라는 세 개의 축으로 바라본다.
이 세 가지는 분리된 주제가 아니라, 현장에서는 항상 동시에 작용하는 하나의 흐름이다.

안전관리가 무너지면 스트레스가 누적되고, 스트레스가 관리되지 않으면 판단이 흔들리며, 판단이 흔들리는 순간 표면공급식 잠수의 시스템은 더 이상 보호 장치가 되지 못한다.

이 책이 다루고자 하는 것은

"사고가 났을 때 무엇을 해야 하는가"가 아니라,

"사고가 나지 않도록 어떤 사고방식을 가져야 하는가"이다.

규정과 절차는 그 사고방식을 구현하기 위한 도구일 뿐, 그 자체가 목적은 아니다.

현장에서 진정으로 필요한 것은 규정을 암기하는 능력이 아니라, **상황을 읽고 멈출 줄 아는 판단력**이다.

또한 이 책은 산업잠수에서 종종 외면되어 온, 스트레스와 심리적 부담을 중요한 관리 요소로 다룬다.

강인함과 인내로 버티는 문화는 오랫동안 미덕처럼 여겨져 왔지만, 그 이면에는 수많은 사고와 조용한 탈락이 존재해 왔다.

스트레스를 관리하지 않는 전문성은 결국 가장 위험한 형태의 자신감으로 변한다. 표면공급식 잠수는 이러한 모든 요소가 집약되는 작업 방식이다.

가장 안전한 시스템이 될 수도 있고, 가장 위험한 형식적인 절차로 전락할 수도 있다.

그 차이는 장비가 아니라 **관리자의 판단과 책임 인식**에서 발생한다.

이 책은 표면공급식 잠수를 단순한 기술 설명이 아닌, 관리 중심의 잠수 체계로 이해하도록 안내한다.

이 책은 완벽한 해답을 제시하지 않는다.

대신 현장에서 반드시 스스로에게 던져야 할 질문들을 제시한다.

"이 작업은 정말 안전한가",

"지금의 판단은 누구를 보호하는가",

"이 잠수는 멈출 수 있는가".

산업잠수는 한 번의 성공적인 작업으로 증명되는 직업이 아니다.

그 가치는 **사고 없이 지속되는 시간**으로 증명된다.

이 책이 그 시간을 조금이라도 더 길게 만드는 데 기여할 수 있다면, 그것으로 충분하다.

관리자는 잠수사를 물에 보내는 마지막 사람이다

— 사고를 줄이는 기술이 아니라, 사고를 만들지 않는 구조

산업잠수에서 안전은 개인의 주의나 경험만으로 확보될 수 있는 문제가 아니다.

사고는 대부분 한순간의 실수가 아니라, **관리 부재·판단 오류·절차 무시가 누적된 결과**로 발생한다.

따라서 안전관리는 보호장비나 규정 준수에 국한되지 않으며, 작업 계획, 인원 구성, 의사결정 체계, 비상 대응까지 포함하는 **구조적 개념**이어야 한다.

이 파트는 산업잠수 현장에서 요구되는 안전관리의 본질을 다룬다.

잠수 전 위험성 평가, 작업 중 통제, 관리자의 책임과 판단 기준 그리고 사고 이후가 아닌 **사고 이전에 개입하는 관리의 역할**을 중심으로 서술한다.

산업잠수 안전관리란

"사고가 났을 때 어떻게 대응할 것인가"가 아니라

"사고가 발생하지 않도록 어떻게 일할 것인가"에 대한 질문이다.

─ 보이지 않지만 가장 치명적인 위험 요소

산업잠수에서 스트레스는 항상 존재하지만, 가장 과소평가되는 위험 요소이기도 하다.

수중 작업 환경, 제한된 시야와 움직임, 작업 압박, 시간 제한, 그리고 반복되는 고위험 상황은 잠수사와 관리자의 심리 상태에 직접적인 영향을 미친다.

스트레스는 단순한 심리 문제로 끝나지 않는다.

집중력 저하, 판단 오류, 의사소통 장애로 이어지며, 결국 안전사고의 **직접적인 원인**이 되기도 한다.

특히 경험이 많을수록 스트레스를 인식하지 못한 채 누적시키는 경우가 많다.

이 파트에서는 산업잠수 현장에서 발생하는 스트레스의 유형과 원인을 분석하고, 잠수사 개인, 팀, 그리고 관리자 차원에서 적용할 수 있는 **현실적인 관리 방법**을 제시한다.

스트레스 관리는 약함의 문제가 아니라, **전문성을 유지하기 위한 필수 기술**임을 분명히 하고자 한다.

— 시스템으로 통제되는 잠수, 관리로 완성되는 작업

표면공급식 잠수는 산업잠수의 중심이 되는 작업 방식이며, 동시에 가장 체계적인 관리가 요구되는 잠수 형태이다.

잠수사는 수중에서 작업을 수행하지만, 그 생명과 작업의 성패는 수면의 시스템과 관리에 의해 좌우된다.

이 파트는 표면공급식 잠수를 단순한 장비 운용 방식이 아닌, **조직적·관리적 시스템**으로서 조명한다.

관리자의 역할, 팀 구성, 통제 구조, 의사결정의 중요성을 중심으로, 표면공급식 잠수가 왜 개인 기술이 아닌 **집단 관리의 산물**인지를 설명한다.

표면공급식 잠수에서 가장 중요한 요소는 장비도, 수심도 아닌 **관리의 수준**이다.

이 파트는 그 관리가 무엇을 의미하는지를 명확히 하는 데 목적이 있다.

이 책은 이론서가 아니라, 현장에서 살아남기 위해 반드시 이해해야 할 **실무적 사고의 기록**이다.

산업잠수는 용기로 버티는 일이 아니라, 지식과 관리로 지속해야 하는 전문 직업이다.

이 책이 잠수사, 관리자, 그리고 산업잠수에 입문하는 모든 이들에게
더 안전한 판단을 내릴 수 있는 기준이 되기를 바란다.

저자 정준상

■ 차례

PART I 산업잠수와 관리자

서문

산업잠수 사고는 흔히 물속에서 발생한 돌발 상황이나 장비 고장으로 설명된다. 그러나 실제 현장을 들여다보면, 대부분의 사고는 수중이 아니라 **판단이 이루어지는 순간**에서 이미 시작된다. 공기공급의 미세한 변화, 통신의 지연, 잠수사의 반응 저하와 같은 신호는 사고 직전 갑자기 나타나는 것이 아니라, 충분한 시간 동안 반복적으로 관찰된다. 그럼에도 사고가 발생하는 이유는, 그 신호를 종합해 멈추어야 할 판단이 제때 실행되지 않기 때문이다.

이 책은 이러한 문제의식에서 출발한다. 산업잠수 현장에서 가장 중요한 인물은 가장 깊이 잠수하는 사람이 아니라, **잠수사를 물에 보내고 다시 끌어올릴 권한을 가진 관리자**다. 잠수안전관리자는 작업의 속도를 조절하고, 위험을 평가하며, 무엇보다도 '계속할 것인가, 멈출 것인가'를 결정해야 하는 마지막 판단자다. 이 판단은 기술적 계산만으로 이루어지지 않으며, 현장의 압박, 일정, 관계, 그리고 인간의 심리적 요인이 복합적으로 작용하는 영역이다.

부록에서는 이러한 판단과 개입이 법적으로 어떤 근거 위에 서 있는지를 명확히 한다. 산업안전보건법, 시행령과 시행규칙, 산업안전보건기준에 관한 규칙, 고기압 작업에 관한 기준, 그리고 IMCA · OSHA 국제 기준은 모두 공통적으로 하나의 원칙을 말한다. **위험이 인지되는 순간, 관리**

자는 즉시 개입해야 하며 그 판단은 보호되어야 한다는 것이다. 작업중지와 조기 인양은 개인적 결단이 아니라, 법과 제도가 요구하는 정상적인 안전관리 행위다.

이 책은 관리자를 처벌하기 위한 기준서를 목표로 하지 않는다. 오히려 관리자가 현장에서 멈출 수 있도록, 그리고 그 판단이 사후에 책임으로 왜곡되지 않도록 보호하기 위한 구조를 제시한다. 판단이 기록되고, 공유되며, 교육을 통해 재현 가능한 체계로 남을 때, 산업잠수 안전은 개인의 용기가 아니라 조직의 문화가 된다.

이 책이 전하고자 하는 메시지는 분명하다. **산업잠수 사고는 대부분 물속이 아니라 판단에서 시작되며, 사고를 막는 힘 역시 관리자의 판단에서 나온다.** 멈추는 결정은 실패가 아니라 책임의 이행이며, 그 한 번의 판단이 잠수사를 다시 수면으로 돌려보내는 가장 확실한 안전장치다.

"관리자가 멈추는 순간, 사고는 그 자리에서 끝난다."
"When a supervisor decides to stop, the accident ends right there."

제1장

산업잠수와 관리자의 역할

"산업잠수 사고는 대부분 물속이 아니라 판단에서 시작된다."

산업잠수 현장에서 관리자는 단순히 작업을 승인하거나 절차를 확인하는 사람이 아니다. 그는 잠수사가 물속으로 들어가기 직전 마지막으로 마주하는 판단자이며, 동시에 잠수사가 다시 수면 위로 돌아올 수 있도록 보이지 않는 문을 열어 두는 존재다. 잠수사의 생명은 수중 장비와 기술에 의해 유지되지만, 그 장비와 기술이 언제 사용되고 언제 중단되는지는 전적으로 관리자의 판단에 달려 있다.

산업잠수 사고는 흔히 수중에서 발생한 문제로 설명되지만, 그 시작을 거슬러 올라가면 대부분

물 위에서 이미 결정이 내려져 있었다. 작업을 계속하기로 한 판단, 위험 신호를 넘겼던 순간, 혹은 '아직은 괜찮다'고 생각했던 짧은 망설임이 사고의 출발점이 된다. 수중에서 벌어지는 위기는 결과일 뿐이며, 원인은 거의 언제나 관리자의 판단 과정에 존재한다.

이 장은 기술 매뉴얼을 설명하기 위한 장이 아니다. 이 장은 산업잠수라는 작업이 가진 본질적인 위험 구조 속에서, 관리자가 어떤 위치에 서 있어야 하는지를 다룬다. 관리자는 명령자가 아니라 책임자이며, 일정의 관리자라기보다 안전의 관리자다. 그는 작업을 시작시키는 사람인 동시에, 멈출 수 있는 권한과 의무를 함께 지닌 사람이다. 산업잠수 안전의 출발점은 장비도, 절차도 아닌 바로 이 역할 인식에서 시작된다.

1-1. 산업잠수 작업의 위험 구조

산업잠수는 인간이 가장 불리한 환경에 들어가 수행하는 작업이다. 물속에서는 공기가 곧 생명이며, 시야는 제한되고 의사소통은 단절된다. 작은 이상 하나가 단독으로 끝나는 경우는 드물며, 대부분 연쇄적인 문제로 이어진다. 호흡의 불안정, 장비의 미세한 이상, 작업 지연으로 인한 심리적 압박은 서로 맞물려 순식간에 위험을 증폭시킨다.

산업잠수 환경의 가장 큰 특징은 '사후 대응의 한계'다. 육상 작업에서는 문제가 발생한 뒤 작업을 멈추고 상황을 재정비할 시간이 존재하지만, 수중에서는 그 여유가 극히 제한된다. 문제가 분명하게 드러났을 때는 이미 잠수사가 위험의 중심에 놓여 있는 경우가 많다. 그렇기 때문에 산업잠수 안전은 언제나 **사고 이후의 대응이 아니라, 사고 이전의 판단**에 의해 좌우된다.

이 구조 속에서 잠수사는 현장의 최전선에 있지만, 전체 상황을 볼 수 없는 존재다. 반면 관리자는 물 위에서 작업 전반을 조망하며, 아직 수면 아래로 드러나지 않은 위험을 먼저 마주하는 위치에 서 있다. 이 시야의 차이가 곧 판단의 차이이며, 그 판단이 사고와 안전을 가르는 분기점이 된다.

1-2. 관리자의 법적 · 현장적 책임

산업잠수 관리자의 권한은 작업을 지시하는 데서 끝나지 않는다. 관리자의 가장 중요한 권한은 **작업을 중단시킬 수 있는 권한**이며, 이는 동시에 회피할 수 없는 책임이다. 위험이 감지되는 순간 작업을 멈추는 행위는 과잉 대응이 아니라, 관리자가 반드시 수행해야 할 기본 의무다.

이 판단은 잠수사의 숙련도나 의욕, 작업 일정, 비용 압박과 무관하게 이루어져야 한다. 경험이 많은 잠수사라 해도, 지금의 환경과 조건이 안전하지 않다면 작업은 중단되어야 한다. 관리자는 항상 한발 앞서 '지금 이 작업을 계속해도 되는가'를 스스로에게 질문해야 하며, 그 질문을 미루는 순간 위험은 누적되기 시작한다.

법과 기준이 관리자에게 묻는 것은 사고의 발생 여부가 아니다. 사고가 발생하기 전, 위험을 인지했을 때 어떤 판단을 내렸는지가 책임의 핵심이 된다. 관리자는 그 판단의 중심에 서 있는 사람이며, 그 자리는 결코 가볍지 않다.

1-3. 판단의 기준은 경험이 아니라 구조다

오랜 현장 경험은 분명 중요한 자산이다. 그러나 경험만으로는 안전을 지속적으로 보장할 수 없다. 경험은 개인과 함께 축적되지만, 동시에 개인과 함께 사라진다. 반면 기준과 구조는 현장에 남아 다음 판단을 지탱한다. 산업잠수 사고의 상당수는 개인의 능력 부족 때문이 아니라, 판단을 의지할 수 있는 구조가 부재했기 때문에 발생한다.

관리자의 판단은 감각이나 직관이 아니라 체계 위에서 이루어져야 한다. 어떤 신호가 나타났을 때 멈추어야 하는지, 어느 단계에서 개입해야 하는지, 그리고 그 판단을 어떻게 기록하고 설명할 것인지는 사전에 정리되어 있어야 한다. 이러한 구조는 관리자를 구속하기 위한 것이 아니라, 오히려 관리자의 판단을 보호하기 위한 장치다.

이 책은 관리자를 영웅으로 만들고자 하지 않는다. 대신 누구라도 같은 상황에서 같은 판단을 내릴 수 있도록 기준과 언어를 제공하고자 한다. 산업잠수 안전은 개인의 용기에서 만들어지지 않는다. 그것은 반복 가능하고 설명 가능한 판단 구조 속에서 유지된다.

1-4. 제1장 요약

산업잠수 관리자는 단순한 감독자가 아니다. 그는 작업을 계속하게 할 수도, 멈추게 할 수도 있는 마지막 판단자다. 이 장에서 강조된 것은 단순히 역할을 수행하는 것을 넘어, **관리자의 판단이 사고를 예방하는 첫 번째 방패**라는 점이다. 물속에서 잠수사가 맞닥뜨리는 위기는 결과일 뿐이며, 그 근본 원인은 언제나 물 위에서 내려진 판단에 있다.

관리자의 역할을 정의하고, 체계적인 판단 구조와 명확한 기준을 갖춘다는 것은 단순한 절차적 요구가 아니다. 그것은 잠수사의 안전을 보장하고, 사고를 미연에 방지하며, 책임 있는 결정을 보호하는 근본 원리다. 산업잠수 안전은 잠수사가 물속에 들어가기 전, 관리자의 판단 속에서 이미 시작된다. 관리자는 단순히 작업을 지휘하는 사람이 아니라, 안전과 생명을 지키는 **최종 수호자**다.

공기공급 사고 사례 분석

산업잠수 사고 중 공기공급 관련 사고는 잠수사의 생명과 직결되며, 대부분 기술적 결함보다 관리자의 판단과 대응 지연에서 비롯된다. 이 장에서는 실제 현장에서 발생한 공기공급 사고 사례를 바탕으로 사고가 어떻게 시작되고 확대되었는지, 관리자의 판단과 사고 대응 구조가 어떻게 작동했는지를 분석한다.

2-1. 사고 개요

본 사례는 항만 구조물 보수 작업 중 발생한 공기공급 사고를 중심으로 한다. 잠수사는 정상적인 절차에 따라 입수하였으나, 작업 중 공기 압력의 변동이 반복적으로 나타났다. 초기 경고 신호는 단시간의 일시적 현상으로 해석되었고, 작업은 중단되지 않은 채 진행되었다. 이러한 초기 판단이 향후 사고 확산의 결정적 요인이 되었다.

2-2. 사고 진행 과정

공기공급 압력 저하는 간헐적으로 발생했고 통신에는 즉각적인 이상은 감지되지 않았다. 관리자는 현장 여건과 작업 진행 상황을 고려해 작업 지속을 선택했지만, 압력 변동 빈도는 점차 증가했고, 잠수사의 호흡 패턴 변화가 관측되었음에도 즉각적인 작업중지 결정은 내려지지 않았다. 이 시점에서 판단과 구조적 지원의 부재가 사고를 키웠다.

 관리자는 잠수사를 물에 보내는 마지막 사람이다

2-3. 핵심 문제 분석

이 사고에서 확인된 문제는 단순 기술 결함이 아닌, **관리자 판단과 이를 지원하는 사고 대응 구조 부재**에서 비롯되었다. 주요 문제는 다음과 같다.

- **공기공급 이상 신호 과소평가**: 압력 변동과 경고 신호를 일시적 현상으로 간주, 즉각적 대응을 하지 않음.
- **예비 공기원 전환 지연**: 이상 신호 발생에도 즉시 전환하지 않아 잠수사가 위험에 노출됨.
- **작업중지 권한 미행사**: 관리자는 작업 중지 권한을 가지고 있었으나, 일정과 현장 분위기 등으로 인해 이를 행사하지 못함.

결과적으로, 장비 문제보다는 **잠수사 안전을 최우선으로 판단하고 개입할 명확한 기준과 구조의 부재**가 사고의 핵심 원인이다. 따라서 사고 예방에는 기술 점검뿐 아니라, 관리자의 판단 기준과 즉시 개입할 수 있는 사고 대응 구조가 필수적이다.

2-4. 사고 대응 체크리스트 매칭

- **공기공급 이상 신호 발견 시** → 즉시 예비 공기원 전환 및 작업중지 여부 판단
- **작업 지속 결정 시** → 현장 환경, 잠수사 상태, 장비 경고 신호 고려
- **사고 발생 시 기록** → 사고 내용, 잠수사 상태, 목격자 정보 포함
- **구급 연락 체계 확인** → 가까운 의료기관, 구급대, 재압 챔버 위치 및 연락처 확보
- **레스큐 요원 배치** → 탐색, 인양, 사고 기록, 현장 통제 역할 분담

2-5. 국내 · 국제 규정과 매칭

- **IMCA, OSHA, 산업안전보건법**: 모든 잠수 작업 중 조기 개입 의무, 사고 예방과 관리자 권한 명시
- **사례 매칭**: 초기 압력 이상 신호 무시 → IMCA 규정 위반, 작업중지 미행사 → OSHA 기준 위반, 사고 기록 부실 → 국내 산업안전보건법 지침 위반

2-6. 사고에서 도출되는 교훈

공기공급 사고는 갑작스럽게 발생하는 것이 아니다. 대부분의 경우, 경고 신호와 잠수사의 행동 변화가 순차적으로 나타난다. **관리자의 판단과 조기 개입 여부**가 사고의 결과를 결정짓는다. 이 과정에서 얻을 수 있는 교훈은 다음과 같다.

1. **조기 신호 감지와 즉각적 개입**: 작은 이상 징후라도 즉시 판단하고 대응하는 것이 필수적이다.
2. **관리자 판단 기준 명확화**: 현장 상황과 잠수사 상태에 대한 객관적 기준을 미리 설정해야 한다.
3. **체계적 사고 대응 구조**: 사고 발생 시 역할 분담과 명확한 절차가 있어야 한다.
4. **기록과 검증의 중요성**: 사고 과정과 대응 기록은 향후 예방 조치와 법적 근거에 필수적이다.
5. **교육과 반복 훈련**: 반복적인 시뮬레이션과 교육을 통해 판단 지연과 오류를 최소화해야 한다.

즉, 사고 예방은 단순히 기술적 점검이 아니라 **관리자의 명확한 판단 기준과 구조적 지원, 그리고 신속한 개입**으로 완성된다.

2-7. 제2장 요약

이 사례는 기술적 문제보다 **관리자의 판단과 구조적 지원의 부재**가 사고의 근본 원인임을 보여준다. 교육 목적은 단순히 사고를 재현하는 것이 아니라, 같은 판단 오류를 반복하지 않도록 **관리자 행동 기준과 사고 대응 구조**를 명확히 제시하는 데 있다.

제2장 요약
신호 무시
판단 지연
조치 미흡
잠수사 위험
공기공급 사고에서 신호 무시, 판단 지연, 조치 미흡이
주요 문제로 나타났으며, 이는 잠수사의 생명에 심각한 위협을 초래했다.

공기공급 관리자 판단·체크리스트

공기공급 관리자 체크리스트는 단순한 확인 목록이 아니다. 이 체크리스트는 관리자가 언제 작업을 허용하고, 언제 멈춰야 하는지를 판단하기 위한 **행동 기준 도구**이다. 산업잠수 사고의 다수는 장비 고장이 아니라 판단 지연에서 시작되며, 특히 공기공급과 관련된 사고는 관리자의 즉각적인 개입 여부에 따라 결과가 완전히 달라진다.

이 장은 체크리스트를 '기록용 문서'가 아니라, **관리자가 사고를 예방하고 잠수사의 생명을 보호하기 위해 즉시 행동하도록 유도하는 판단 기준**으로 사용하는 방법을 설명한다.

3-1. 체크리스트의 목적과 한계

공기공급 관리자 체크리스트의 목적은 공기공급 이상, 통신 장애, 잠수사 상태 변화 등 사고로 이어질 수 있는 신호를 조기에 발견하고, 관리자가 개입해야 할 시점을 놓치지 않도록 돕는 데 있다. 그러나 체크리스트를 모두 이행했다는 사실이 작업 지속의 근거가 되어서는 안 된다.

체크리스트는 판단을 보조할 뿐, 판단을 대신하지 않는다. 현장에서 이상 징후가 발견되면 관리자는 문서 작성 여부나 절차 진행 상황과 관계없이 **즉시 작업중지 또는 인양을 결정할 책임**이 있다. 이 장에서 강조하는 핵심은 "체크리스트를 완료했는가"가 아니라, "개입해야 할 순간에 개입했는가"이다.

3-2. 잠수 전 단계 체크리스트

잠수 전 단계는 사고 예방의 가장 중요한 시점이다. 이 단계에서 관리자는 작업을 시작하기 위한 조건을 확인하는 것이 아니라, **작업을 중단해야 할 사유가 없는지 탐색하는 관점**으로 체크리스트를 활용해야 한다.

- 공기공급원(콤프레서, 실린더)의 정상 작동 여부 확인
- 예비 공기원의 확보 여부 및 즉시 전환 가능 상태 점검
- 호흡 호스 및 연결부의 누설, 손상 여부 확인
- 통신 상태 점검 및 비상 신호 체계 재확인
- 잠수사의 컨디션, 피로도, 심리 상태 및 작업 계획 재점검

교육 포인트

잠수 전 체크는 '출발 허가'가 아니라 **'중지 사유 탐색'**이다. 작은 이상이라도 발견되면 잠수 연기, 잠수사 교체, 작업 계획 변경을 즉시 검토해야 한다.

3-3. 잠수 중 단계 체크리스트

잠수 중 단계에서 체크리스트는 기록을 위한 문서가 아니라, **현장 감시와 즉각적 개입을 위한 도구**이다. 관리자는 지속적으로 공기공급 상태와 잠수사의 반응을 관찰하며, 이상 신호를 종합적으로 판단해야 한다.

- 공기압 및 유량의 지속적인 모니터링
- 통신 응답 간격 및 내용의 변화 확인
- 잠수사의 호흡 패턴, 말의 속도, 반응 지연 여부 관찰
- 작업 시간 및 수심 한계 초과 여부 점검

이 단계에서 가장 위험한 판단은 "조금 더 지켜보자"는 생각이다. 잠수 중 체크리스트는 상황을 관망하기 위한 것이 아니라, **즉시 개입하기 위한 기준**임을 명확히 인식해야 한다.

3-4. 이상 발생 시 즉각 행동 체크리스트

공기공급 이상 신호가 확인되는 순간, 관리자는 지체 없이 행동해야 한다. 이 단계에서는 확인보다 조치가 우선이다.

- 공기공급 이상 징후 확인 즉시 작업중지 선언
- 예비 공기원 전환 또는 인양 준비 지시
- 잠수사 상태 지속 확인 및 통신 유지
- 필요시 인양 결정 및 비상 대응 절차로 즉시 전환

핵심 원칙

'확인 후 조치'가 아니라 **'조치하면서 확인'**이 기본 원칙이다. 인양 결정은 과잉 대응이 아니라, 관리자 책임의 이행이다.

□ 관리자 판단 보호 기준

관리자의 작업중지·인양 결정은 잠수사의 생명과 안전을 확보하기 위한 정당한 권한이며, 이는 국내 산업안전보건법, IMCA, OSHA가 공통적으로 요구하는 **조기 개입 의무**에 부합한다.

사고 발생 후의 결과보다, 사고 이전의 개입 판단이 관리자 책임 이행의 핵심이다.

3-5. 작업 종료 후 체크리스트

잠수 종료 후 단계는 사고 예방을 위한 교육과 기록의 단계이다. 이 단계에서의 점검과 기록은 다음 작업의 안전 수준을 결정한다.

· 공기공급 장비 상태 점검 및 이상 여부 기록
· 잠수사 컨디션 확인 및 이상 증상 보고
· 체크리스트 및 로그 작성, 관리자 서명
· 이상 사항 발생 시 즉시 보고 체계 가동

교육 포인트

기록은 단순한 의무가 아니라, 사고 재현, 예방 조치, 법적 책임 보호를 위한 중요한 자료이다.

3-6. 교육용 사례 요약

실제 사고 사례를 보면, 공기공급 사고는 대부분 작은 신호에서 시작된다. 경고등의 깜박임, 통신의 지연, 잠수사의 말투 변화는 모두 사고의 전조다. 이 신호를 인지하고 즉시 개입한 관리자는 사고를 예방했으며, 망설인 관리자는 사고를 확대시켰다.

이 장의 사례들이 반복해서 전달하는 메시지는 명확하다.

사고는 장비가 아니라 판단에서 시작된다.

산엄잠수 사고는 대부분
물속이 아니라 판단에서
시작된다.

3-7. 제3장 요약 및 교육용 정리

체크리스트는 사고 예방의 출발점이지만, 사고를 막는 결정적 요소는 관리자의 판단과 개입이다. 공기공급 관리자는 문서를 채우는 사람이 아니라, **사람을 살리는 판단자**임을 명확히 인식해야 한다.

체크리스트를 모두 수행했는가보다 중요한 질문은
"멈춰야 할 순간에 멈췄는가"이다.

"공기공급 사고는 장비 고장이 아니라, 관리자의 판단이 늦어진 순간부터 시작된다."
공기공급 관리자는 문서를 채우는 사람이 아니라, **사람을 살리는 판단자**임을 명확히 인식해야 한다.
체크리스트를 모두 수행했는가보다 중요한 질문은 **"멈춰야 할 순간에 멈췄는가"**이다.

사고는 이 순간 이미 시작되고 있었다.

현장 게시용 1페이지 체크리스트
(관리자 즉시 판단 기준)

이 체크리스트는 기록용이 아니라 '즉시 행동용'이다.

현장 벽보 · 컨트롤룸 · 잠수 지원 차량에 그대로 게시한다.

① 잠수 전(시작해도 되는가?)

· 공기공급원 정상 작동 확인 완료

· 예비 공기원 즉시 전환 가능 상태

· 통신 상태 명확/비상 신호 재확인

· 잠수사 컨디션 이상 없음

→ 하나라도 불명확하면 잠수 연기 또는 취소

② 잠수 중(지금 멈춰야 하는가?)

· 공기압 · 유량 변화 없음

· 통신 응답 지연 · 불명확 없음

· 잠수사 말투 · 호흡 변화 없음

· 작업 시간 · 수심 계획 범위 내

→ 이상 신호 1개라도 발생 시 즉시 다음 단계로 이동

③ 즉시 인양 신호(이 신호가 보이면 무조건 인양)

- 통신 끊김 또는 반복적 재요청
- 공기공급 불안정, 압력 변동
- 잠수사의 판단 저하 · 혼란 발언
- 관리자 스스로 "불안하다"는 감각
→ 설명은 나중, 인양이 먼저

④ 관리자 행동 원칙(법 · 기준 요약)

- 인양 결정은 과잉 대응이 아님
- 조기 개입은 관리자 책임의 이행
- 결과보다 판단 시점이 평가 대상
→ IMCA · OSHA · 산업안전보건법 공통 원칙

⑤ 현장 핵심 문장

통신이 흔들리고 판단이 느려지는 순간 ― 그때가 바로 인양 시점이다.

사고는 갑자기 오지 않는다.

신호를 본 관리자가 개입하지 않았을 뿐이다.

이 신호가 보이면 무조건 인양. 설명은 그다음이다.

제4장

작업중지는 관리자의 권한이 아니라 의무이다

산업잠수 현장에서 '작업중지'는 실패가 아니다. 작업중지는 사고를 예방하기 위한 정상적인 관리 행위이며, 관리자의 권한인 동시에 반드시 이행해야 할 의무이다.

많은 사고 조사에서 반복적으로 확인되는 사실은, 사고가 발생한 이후가 아니라 그 이전에 이미 여러 차례 작업을 멈출 수 있는 기회가 존재했다는 점이다. 그럼에도 불구하고 작업은 계속되었고, 그 선택이 결국 사고로 이어졌다. 즉, 산업잠수 사고의 본질은 기술적 한계가 아니라 **중지하지 않은 판단**에 있다.

이 장은 작업중지를 주저하게 만드는 현장 압력의 구조를 짚고, 관리자가 어떤 기준에서, 어떤 순간에, 어떻게 중지를 선언해야 하는지를 구체적으로 정리한다. 작업중지는 감정이나 용기의 문제가 아니라, 명확한 기준과 책임 인식에 따른 **관리 행위**임을 분명히 하는 것이 이 장의 목적이다.

4-1. 작업중지가 늦어지는 이유

관리자가 작업중지를 망설이는 이유는 대부분 기술적 판단의 어려움이 아니라, 현장을 둘러싼 **환경적·조직적 압력**에서 비롯된다. 이러한 압력은 관리자 개인의 성향이나 용기와 무관하게 작동하며, 판단을 지연시키는 구조적 요인이 된다. 즉, 문제는 '관리자가 약해서'가 아니라, **중지를 어렵게 만드는 환경 속에 놓여 있기 때문**이다.

현장에서 가장 먼저 작동하는 압력은 공정 지연에 대한 부담이다. 산업잠수 작업은 대부분 전체 공정의 일부로 편입되어 있으며, 잠수 작업이 멈추면 뒤따르는 모든 일정이 영향을 받는다. 이로 인해 관리자는 작업중지가 곧 전체 공정 지연으로 이어질 것이라는 압박을 받게 되고, '지금 멈추면 일이 커진다'는 생각에 판단을 미루게 된다.

또 다른 큰 요인은 원청·발주자의 시선과 관계 유지에 대한 부담이다. 관리자는 안전 책임자이면서 동시에 계약 관계 속에 있는 실무자이기도 하다. 작업중지를 선언하는 순간, 관리자는 설명을 요구받고 때로는 책임을 추궁당할 것이라는 심리적 부담을 느낀다. 이때 작업중지는 안전 판단이 아니라, 관계를 악화시킬 수 있는 선택처럼 인식되기 쉽다.

여기에 현장 내부의 관성적 분위기가 더해진다. "조금만 더 해 보자", "이 정도는 늘 있었어"라는 말은 명확한 근거 없이 반복되며, 위험 신호를 일시적 현상으로 축소시킨다. 이러한 분위기는 관리자의 판단을 집단적으로 희석시키고, 중지를 선언해야 할 시점을 계속 뒤로 미룬다.

가장 위험한 요인은 과거 유사 작업에서 무사히 넘어갔던 경험에 대한 과신이다. 반복된 무사 통과 경험은 위험 신호를 정상 상태로 오인하게 만들고, 관리자로 하여금 '이번에도 괜찮을 것'이라는 잘못된 확신을 갖게 한다. 그러나 환경 조건, 잠수사 상태, 장비 상태는 매 작업마다 다르며, 과거의 성공은 현재의 안전을 보장하지 않는다.

이러한 압력 요소들은 각각 보면 사소해 보일 수 있다. 그러나 동시에 작용할 경우 관리자의 판단을 점점 흐리게 만들고, 작업중지를 '과잉 대응'이나 '불필요한 중단'으로 인식하게 한다. 이 판단 지연이 누적될수록 위험은 조용히 증폭되며, 결국 중지를 선언할 수 있는 시점은 사라지고, 사고 이후에야 모든 것이 멈추게 된다.

4-2. 작업중지의 법적·관리적 의미

작업중지는 관리자의 재량이 아니다. 위험이 인지되는 순간, 관리자는 즉시 작업을 중지해야 할 법적·관리적 의무를 가진다.

작업중지를 하지 않은 선택 역시 하나의 판단이며, 사고 발생 시 그 책임은 관리자의 결정 구조로 귀결된다.

법·기준 근거 박스(관리자 판단 보호)

- **국내 산업안전보건법**: 급박한 위험이 있을 경우 작업중지 및 근로자 대피 조치 의무 명시
- **IMCA**: 잠수 작업 중 위험 신호 인지 시 즉각적 작업중지 및 인양을 관리자 책임으로 규정
- **OSHA**: 생명·안전에 대한 위험 인지 시 관리자는 작업을 중단시킬 의무가 있으며, 이는 재량이 아닌 필수 조치

이 기준들은 공통적으로 '사고 발생 여부'가 아니라 **위험을 인지한 시점에서 관리자가 어떤 결정을 했는가**를 책임 판단의 기준으로 삼는다.

4-3. 작업중지 판단 기준

작업중지는 결과를 보고 결정하는 행위가 아니다. 그것은 **징후를 인지하는 순간 즉시 내려져야 하는 판단**이며, 사고를 막기 위한 가장 적극적인 관리 행위다. 관리자는 명백한 사고나 확실한 고장을 기다려서는 안 되며, 위험이 형성되는 초기 단계에서 판단을 내려야 한다.

작업중지 판단 기준은 다음과 같이 단계적으로 이해할 수 있다.

첫째, 공기공급과 관련된 이상 징후다. 공기공급 압력이나 유량이 반복적으로 불안정해지거나, 일시적인 회복과 저하가 반복되는 경우 이는 이미 정상 범위를 벗어난 상태로 보아야 한다. 이러한 상황은 장비 결함뿐 아니라 잠수사의 호흡 안정성에 직접적인 영향을 미치므로, 즉각적인 중지 판단 대상이 된다.

둘째, 통신 상태의 변화다. 통신 응답이 지연되거나, 반복적인 재요청이 발생하거나, 잠수사의

   관리자는 잠수사를 물에 보내는 마지막 사람이다

응답이 단문·무의미한 표현으로 바뀌는 순간은 판단 저하 또는 스트레스 누적의 신호일 수 있다. 통신은 잠수사의 상태를 확인할 수 있는 거의 유일한 창구이므로, 이 창구가 흔들리는 순간 작업중지는 선택이 아니라 필수다.

셋째, **잠수사의 행동과 생리적 반응 변화**다. 호흡 속도의 변화, 말투의 급격한 변화, 질문에 대한 반응 둔화, 불필요한 동작 증가 등은 모두 위험 신호로 간주해야 한다. 이러한 변화는 사고 직전 단계에서 가장 자주 나타나는 징후이며, 관리자의 즉각적 개입을 요구한다.

넷째, **예비 공기원 전환 필요성이 논의되는 순간**이다. 중요한 기준은 실제 전환 여부가 아니라, 전환이 필요하다는 이야기가 나오기 시작한 시점이다. 이 순간은 이미 정상 상태가 아니라는 사실을 현장이 인지했다는 의미이며, 작업중지를 검토하는 것이 아니라 즉시 선언해야 할 시점이다.

이 기준에서 가장 중요한 원칙은 '확실성'이 아니다. **합리적인 의심이 제기되는 순간**이 바로 작업중지 시점이다. 관리자는 징후를 모두 확인한 뒤 판단하는 사람이 아니라, 징후를 인지하는 즉시 중지하고, 그 이후에 상황을 평가하는 사람이다. 중지는 사고를 막기 위한 선제적 판단이며, 이후의 평가는 안전이 확보된 상태에서 이루어져야 한다.

4-4. 작업중지 선언과 현장 통제

작업중지는 명확하고 단순하게 선언되어야 한다. 모호한 표현이나 조건부 지시는 현장의 혼란을 키울 뿐이다.

- 중지 사유를 간결하고 분명하게 전달
- 불필요한 설명, 협의, 동의 절차 배제
- 즉시 인양 또는 안전 단계 전환 지시

작업중지 선언 이후 현장이 혼란스러워지는 경우는 대부분 중지 자체가 아니라, 선언 과정이 불

명확했기 때문이다. 관리자는 중지를 선언하는 순간만큼은 단일한 지휘 체계를 유지해야 하며, 판단에 대한 설명은 안전이 확보된 이후에 이루어져야 한다. 중지 순간의 명확함이 곧 현장 통제력이다.

4-5. 제4장 요약

작업중지는 결과가 아니라 과정이다. 관리자가 멈추는 결정을 내릴 수 있을 때, 산업잠수 작업은 비로소 관리되고 있다고 말할 수 있다. 작업을 중단시킨 판단은 실패의 기록이 아니라, 사고를 예방한 관리 행위의 증거다.

반대로, 작업을 멈추지 못한 판단은 결국 사고 이후에 외부에 의해 멈춰진다. 이때 관리자는 왜 그 순간 중지하지 못했는지에 대해 설명해야 한다.

인용용 한 문장

"작업중지는 관리자의 권한이 아니라, 사고를 막기 위해 반드시 이행해야 하는 의무이다."

제5장

비상 대응과 인양 결정 기준

공기공급 이상은 곧바로 비상 상황으로 전환될 수 있다. 이때 관리자의 판단은 단순한 대응이 아니라, 잠수사의 생존 가능성을 좌우하는 결정이 된다.

이 장은 공기공급 이상 발생 시 관리자가 실제로 어떤 순서로 행동해야 하는지, 그리고 언제 인양을 결정해야 하는지를 기준 중심으로 정리한다.

이 장은 본서 전체에서 **관리자 판단이 실제 행동으로 전환되는 핵심 장**이다. 앞선 장들이 판단의 원칙과 의무를 다뤘다면, 이 장은 그 판단이 현장에서 어떻게 실행되어야 하는지를 구체적으로 보여 준다. 따라서 제5장은 교육·현장·사고 조사 어느 맥락에서도 관리자 판단의 기준점으로 기능한다.

5-1. 비상 상황의 정의와 인식

비상 상황은 극단적인 사고가 발생했을 때만을 의미하지 않는다. 산업잠수 현장에서 말하는 비상은, **상황이 더 이상 관리자의 통제 범위 안에 있다고 확신할 수 없는 순간**을 의미한다. 즉, 사고는 아직 발생하지 않았더라도, 사고로 이어질 가능성이 빠르게 증가하는 시점을 비상으로 인식해야 한다.

관리자가 비상 인식을 늦추는 가장 흔한 이유는 '아직 버티고 있다'는 착각 때문이다. 그러나 공기공급과 통신은 연속적인 안정 상태가 아니라, 언제든 급격히 붕괴될 수 있는 요소다. 다음과 같은 징후가 관측되는 순간, 이미 비상 단계로 전환되었다고 보아야 한다.

- 공기공급 압력 또는 유량의 불안정, 반복적 변동
- 통신 음질 저하, 응답 지연, 동일 질문의 반복
- 잠수사의 호흡 변화, 말의 속도 변화, 불안 반응
- 예비 공기원 전환 가능성 또는 필요성 언급

비상은 '확정된 사고'가 아니라, **통제 불가능으로 넘어가기 직전의 상태**이다. 이 시점을 비상으로 인식하지 못하면, 이후의 모든 대응은 항상 늦어진다.

5-2. 비상 대응의 기본 원칙

비상 대응의 핵심은 신속성과 단순성이다. 비상 상황에서는 더 많은 정보를 모을수록 판단이 좋아질 것이라는 기대가 흔히 작동하지만, 실제로는 그 반대인 경우가 많다. 정보 수집과 판단이 길어질수록, 상황은 관리자의 손을 벗어난다.

비상 대응 시 관리자가 반드시 지켜야 할 기본 원칙은 다음과 같다.

- 판단을 최소화하고, 이미 정해진 기준에 따라 행동을 즉시 실행할 것
- 단일한 지휘 체계를 유지하여 혼선을 방지할 것
- 잠수사의 생존 가능성을 모든 결정의 최우선 기준으로 설정할 것

비상 상황에서는 '더 정확한 판단'보다 **'지금 가능한 가장 안전한 선택'**이 중요하다. 추가 정보 수집은 위험을 줄이지 못하며, 즉각적인 위험 감소 조치가 언제나 우선된다.

5-3. 공기공급 이상 시 단계별 행동

1단계: 이상 인지

· 이상 신호 확인 즉시 작업중지 선언
· 잠수사에게 안정 유지 및 대기 지시

2단계: 공급 안정화 시도

· 예비 공기원 전환 지시
· 호흡 상태 및 통신 지속 확인

3단계: 인양 준비

· 회수 경로 확보
· 인양 인력 및 장비 준비

이 세 단계는 순차가 아니라, 필요시 동시에 진행된다.

5-4. 인양 결정 기준

인양 결정은 기술적 판단이 아니다. 그것은 잠수사의 생존 가능성을 기준으로 내려지는 **관리자의 책임 판단**이다. 인양을 결정하는 순간은 실패를 선언하는 것이 아니라, 사고로 이어질 시간을 차단하는 행위다.

다음 조건 중 하나라도 충족되면, 인양을 지체해서는 안 된다.

· 공기공급 이상이 반복되거나, 원인이 즉시 명확히 설명되지 않는 경우

· 통신 유지가 불안정하거나, 잠수사의 응답이 신뢰할 수 없는 경우

· 잠수사의 상태를 명확히 확인할 수 없는 경우

· 관리자가 상황을 완전히 통제하고 있다는 확신을 가질 수 없는 경우

여기서 중요한 기준은 '확신'이다. **인양을 하지 않아도 된다는 확신이 사라진 순간**, 인양은 선택이 아니라 의무가 된다.

이 판단 기준은 국내 산업안전보건법의 작업중지 의무, IMCA의 조기 개입 원칙, OSHA의 생명·안전 우선 원칙과 동일한 판단 구조를 따른다. 즉, 인양 결정은 개인의 성향이나 현장 분위기가 아니라, 국제적으로 합의된 안전관리 기준에 근거한 관리자 의무이다.

인양 결정 텍스트 트리

공기공급 또는 통신 이상 발생

├── 상태 즉시 안정됨 → 예비 공기 전환 + 인양 준비

└── 불안정 지속 또는 원인 불명 → 즉시 인양 결정

이 결정 트리는 상황을 단순화하기 위한 것이며, 관리자 판단을 대체하지 않는다.
다만 판단을 늦추지 않기 위한 최소 기준으로 활용한다.

5-5. 인양 지연의 위험성

산업잠수 사고 사례를 분석하면 공통적으로 드러나는 특징이 있다. 인양은 거의 항상 '너무 늦게' 결정되었다는 점이다. 초기 이상 신호가 나타났음에도 불구하고, 관리자는 상황이 더 명확해지기를 기다렸고, 그사이 위험은 기하급수적으로 증폭되었다.

     관리자는 잠수사를 물에 보내는 마지막 사람이다

인양을 미루는 동안 잠수사의 체력은 소모되고, 스트레스는 누적되며, 판단 능력은 급격히 저하된다. 이 시점에서의 인양은 이미 위험도가 높아진 상태에서 이루어지며, 구조가 사고로 전환될 가능성도 함께 증가한다.

중요한 점은 인양을 결정하지 않은 선택 역시 하나의 판단이라는 사실이다. 인양 지연은 '아무것도 하지 않은 것'이 아니라, **위험을 유지하기로 한 적극적 선택**이며, 그 결과에 대한 책임은 관리자에게 귀속된다.

5-6. 제5장 요약

비상 상황에서 완벽한 판단은 존재하지 않는다. 그러나 늦은 판단은 언제나 치명적인 결과로 이어진다. 인양은 사고 이후의 대응이 아니라, 사고가 완성되기 전에 개입하는 마지막 기회다.

인양 결정에서 가장 중요한 질문은 **"더 기다릴 이유가 있는가"가 아니라, "지금 올리지 않을 이유가 있는가"**이다.

"인양을 결정한 관리자는 사고를 만든 것이 아니라, 사고가 만들어질 시간을 끊어 낸 것이다."

제6장

기록·서명·책임의 의미

산업잠수 현장에서 기록과 서명은 행정 절차가 아니다. 그것은 누가 언제 어떤 판단을 했는지를 남기는 책임의 흔적이다.

이 장은 작업 기록과 서명이 왜 필요한지, 그리고 그 기록이 관리자의 책임과 어떻게 직접적으로 연결되는지를 설명한다. 특히 부록 A의 서명 양식과 실무적으로 어떻게 연동되는지를 중심으로 다룬다.

6-1. 기록은 사고 이후를 위한 것이 아니다

많은 현장에서 기록은 사고가 발생했을 때를 대비한 방어 수단으로만 인식된다. 사고 보고서, 조사 대응 자료, 책임 소재를 정리하기 위한 문서로 기록을 이해하는 경우가 대부분이다. 그러나 이러한 인식은 기록의 기능을 지나치게 사후적이고 소극적인 영역으로 한정시킨다.

산업잠수 안전관리에서 기록의 본질적인 목적은 사고 이후의 설명이 아니라, **사고 이전의 판단을 구조화하고 강화하는 데** 있다. 기록은 결과를 정리하기 위해 존재하는 것이 아니라, 판단이 내려지는 순간을 명확히 붙잡기 위해 존재한다.

관리자가 판단을 기록으로 남긴다는 것은 단순히 문서를 작성하는 행위가 아니다. 그것은 현재 상황을 멈춰 세우고, 무엇을 보고 있으며, 어떤 신호를 근거로 어떤 선택을 하고 있는지를 스스로 점검하는 과정이다. 이 과정에서 모호한 판단은 자연스럽게 드러나고, 애매한 상태로 작업을 지속하려는 선택은 스스로에게 설명하기 어려워진다.

기록은 판단을 늦추는 요소가 아니라, 오히려 판단을 앞당기는 장치다. '나중에 정리하자'는 선택을 허용하지 않고, **지금 이 순간의 판단을 문장으로 설명할 수 있는가**를 관리자에게 요구한다. 이 요구는 관리자를 방어적으로 만들지 않는다. 오히려 판단을 명확히 하고, 개입을 주저하지 않게 만드는 힘으로 작용한다.

사고가 발생하지 않았을 때 기록을 남기는 이유도 여기에 있다. 기록은 사고가 없었음을 증명하기 위한 문서가 아니라, 사고로 이어질 수 있었던 상황에서 어떤 판단이 개입되었는지를 남기는 흔적이다. 이 흔적이 축적될 때, 현장은 개인의 기억에 의존하지 않고 판단의 기준을 공유할 수 있게 된다.

결국 기록은 사고 이후를 위한 방패가 아니라, 사고 이전에 작동하는 **관리자의 판단을 단단하게 만드는 도구**다. 이 관점이 정착될 때, 기록은 부담이 아니라 안전관리의 핵심 수단으로 자리 잡게 된다.

6-2. 관리자의 서명이 의미하는 것

관리자의 서명은 단순한 확인 표시나 형식적인 절차가 아니다. 산업잠수 현장에서 서명은 **관리자가 특정 시점에 상황을 인지하고, 판단을 내렸으며, 그 판단에 따라 행동했음을 공식적으로 남기는 행위**다. 즉, 서명은 결과에 대한 책임을 떠안는 행위가 아니라, 판단 과정에 대한 책임을 명확히 하는 기록이다.

서명이 의미하는 가장 중요한 요소는 '책임의 범위'를 분명히 한다는 점이다. 관리자는 서명을 통해 해당 시점에서 확인 가능한 정보와 신호를 바탕으로 합리적인 판단을 했음을 증명한다. 이는 사고 발생 여부와 무관하게, **판단 당시 기준과 절차를 따랐는지**가 평가의 중심이 되어야 함을 전제로 한다.

현장에서 흔히 존재하는 오해 중 하나는 "서명하면 모든 책임을 진다"는 인식이다. 그러나 이는 사실과 다르다. 관리자의 서명은 사고 결과에 대한 무한 책임을 의미하지 않는다. 서명은 '이 판단이 개인적 감각이나 임의적 선택이 아니라, 정해진 기준과 절차에 따라 이루어졌음'을 문서로 남기는 행위다. 오히려 서명이 없는 판단이 사후적으로 더 큰 책임을 초래하는 경우가 많다.

또한 서명은 관리자의 판단을 조직 차원에서 공식화하는 기능을 한다. 구두 지시나 비공식적 결정은 시간이 지나면 해석이 달라질 수 있지만, 서명된 기록은 판단의 시점과 근거를 명확히 고정한다. 이는 사고 조사나 감독 과정에서 관리자의 설명을 보완하는 가장 강력한 근거가 된다.

결국 관리자의 서명은 책임을 확대하는 행위가 아니라, **책임을 정확한 위치에 고정하는 행위**다. 서명은 판단을 두려워하게 만드는 장치가 아니라, 관리자가 망설임 없이 개입할 수 있도록 지지하는 안전장치로 이해되어야 한다.

6-3. 기록 누락과 책임 공백

기록이 남아 있지 않다는 것은 단순히 문서가 없다는 의미가 아니다. 사고 조사나 감독 과정에서 기록 부재는 곧 **판단 자체가 존재하지 않았던 것처럼 해석될 위험**을 내포한다. 이는 관리자가 실제로 판단을 했는지 여부와 관계없이, 사후적으로 가장 불리한 상황을 만든다.

특히 산업잠수 사고 조사에서는 "언제, 무엇을 보고, 어떤 근거로 판단했는가"가 핵심 질문이 된다. 이때 기록이 없으면 관리자의 설명은 객관적 근거를 잃고, 사후 해명이나 주관적 주장으로 취급될 가능성이 높다.

공기공급 이상, 통신 장애, 작업중지·인양 결정과 같은 핵심 판단이 기록되지 않은 경우, 책임 공백은 더욱 확대된다. 이 공백은 개인에게만 귀속되지 않고, 조직 전체의 안전관리 체계 부재로 연결될 수 있다. 따라서 기록 누락은 단순한 실수가 아니라, **관리 체계의 붕괴 신호**로 인식되어야 한다.

6-4. 부록 A(서명 양식)와의 실무적 연결

부록 A의 서명 양식은 다음 목적을 위해 설계되었다.

· 잠수 전·중·후 주요 판단 지점 기록
· 작업중지 및 인양 결정 시점 명확화
· 관리자 책임 범위 시각화

서명 양식은 사고 발생 시 책임을 전가하기 위한 문서가 아니라, 사고 이전에 판단을 촉진하기 위한 도구이다.

6-5. 기록 문화가 현장을 바꾼다

기록과 서명이 일상적으로 정착된 현장에서는 사고 대응의 양상이 근본적으로 달라진다. 그 가장 큰 변화는 판단이 늦어지지 않는다는 점이다. 관리자는 '나중에 기록할 것인가'가 아니라, '지금 이 판단을 기록으로 남길 수 있는가'를 스스로에게 묻게 된다. 이 질문은 곧 판단의 명확성을 요구하며, 애매한 상태로 작업을 지속하는 선택을 어렵게 만든다.

기록 문화가 자리 잡은 현장에서는 작업중지나 인양 결정이 특별한 사건으로 취급되지 않는다.

그것은 기준에 따른 정상적인 관리 행위로 받아들여지며, 개인의 과잉 대응이나 책임 회피로 오해되지 않는다. 기록이 남는다는 사실은 관리자의 판단을 투명하게 만들고, 그 판단이 조직적으로 존중받을 수 있는 환경을 형성한다.

또한 기록은 관리자 개인의 부담을 줄이는 역할을 한다. 판단과 조치가 문서로 남아 있으면, 관리자는 사후에 자신의 결정을 설명해야 할 때 감정이나 기억에 의존하지 않아도 된다. 이는 관리자를 방어적으로 만드는 것이 아니라, 오히려 보다 적극적으로 개입할 수 있게 만드는 기반이 된다.

조직 차원에서 기록 문화는 안전 수준을 끌어올리는 가장 현실적인 방법이다. 반복되는 기록은 어떤 신호에서 관리자가 개입했는지, 어떤 판단이 사고를 막았는지를 축적한다. 이 축적된 기록은 교육 자료가 되고, 다음 판단의 기준이 되며, 결국 현장의 판단 속도를 앞당긴다.

기록 문화가 없는 현장은 항상 개인의 기억과 경험에 의존한다. 반대로 기록 문화가 자리 잡은 현장은 판단이 개인에게 머무르지 않고 조직의 자산으로 전환된다. 이 차이가 바로 사고가 반복되는 현장과, 사고 없이 운영되는 현장을 가르는 결정적인 경계다.

6-6. 제6장 요약

기록은 과거를 설명하기 위한 것이 아니라, 현재의 판단을 명확히 하기 위한 도구이다. 관리자의 서명은 책임의 시작이며, 동시에 사고 예방의 마지막 장치이다.
기록하지 않은 판단은, 하지 않은 판단과 다르지 않다.

관리자 선언 한 문장

"판단은 순간이지만, 기록은 그 판단을 책임으로 완성시킨다."

표준 기록 · 서명 양식

본 양식은 산업잠수 현장에서 관리자의 판단을 명확히 기록하고, 작업중지 · 인양 결정의 책임 범위를 분명히 하기 위해 설계되었다.

1. 작업 기본 정보

· 작업명/작업 위치

· 작업 일시

· 수심/작업 목적

· 참여 잠수사/관리자 성명

2. 잠수 전 판단 기록

· 공기공급 상태: □ 정상 □ 이상

· 통신 상태: □ 정상 □ 이상

· 잠수사 컨디션: □ 양호 □ 주의 필요

· 판단 요약(자유 기재):

3. 잠수 중 이상 및 판단 기록

- 이상 발생 시각:
- 이상 내용(공기/통신/행동):
- 조치 사항: □ 작업 지속 □ 작업중지 □ 인양
- 판단 근거 요약:

4. 작업 종료 및 사후 평가

- 작업 종료 시각:
- 잠수사 상태:
- 장비 이상 여부:
- 사후 평가 및 후속 조치:

5. 관리자 확인 및 서명

본인은 상기 판단과 조치가 당시 기준과 안전 원칙에 따라 이루어졌음을 확인한다.

- 관리자 성명:
- 서명:
- 일시:

제7장

관리자 교육·훈련 체계

산업잠수 현장의 안전 수준은 최신 장비의 도입 여부나 규정의 엄격함만으로 결정되지 않는다. 실제 현장에서 사고를 예방하고 위험을 차단하는 결정적인 요소는, 그 순간 현장을 지휘하는 **관리자의 판단 능력**이다. 동일한 장비와 동일한 규정을 적용하더라도, 관리자가 어떤 신호를 어떻게 해석하고 언제 개입하는지에 따라 결과는 전혀 달라질 수 있다.

산업잠수 작업은 항상 불확실성을 동반한다. 수중 환경의 변화, 장비의 미세한 이상, 잠수사의 컨디션과 스트레스, 그리고 공정과 일정 압박까지 복합적으로 작용한다. 이러한 조건 속에서 관리자는 단순히 절차를 확인하는 역할을 넘어, 제한된 정보와 시간 속에서도 결정을 내려야 하는 위치에 놓인다. 따라서 관리자는 임명되는 순간부터 체계적인 교육과 반복적인 훈련을 통해 자신의 판단 역량을 지속적으로 점검하고 강화해야 한다.

이 장은 공기공급 관리자를 포함한 산업잠수 관리자를 대상으로, 단순한 이론 교육이 아닌 **현장에서 실제로 작동하는 교육과 훈련 체계**가 무엇인지를 다룬다. 어떤 교육이 필요한지, 그 교육을 어떻게 반복 훈련으로 연결해야 하는지, 그리고 그 결과를 어떻게 조직의 판단 기준으로 정착시킬 것인지를 실무 중심으로 정리한다.

7-1. 관리자 교육의 목적

관리자 교육의 목적은 규정을 암기하게 하는 데 있지 않다. 교육의 핵심은 다음 세 가지 능력을 확보하는 것이다.

· 위험 신호를 조기에 인식하는 능력

· 작업중지 및 인양 결정을 주저 없이 내리는 능력

· 비상 상황에서 지휘 체계를 유지하는 능력

교육은 지식을 전달하는 과정이 아니라, 판단 습관을 형성하는 과정이다.

현장 적용 포인트(7-1)

관리자 교육은 교육장에서 끝나서는 안 된다. 교육을 받은 관리자는 실제 현장에서 다음과 같은 질문을 스스로에게 던질 수 있어야 한다.

· 지금 이 신호를 '일시적 현상'으로 넘길 수 있는 근거는 무엇인가

· 이 판단을 기록으로 남길 수 있는가

· 지금 멈추지 않았을 경우 그 이유를 명확히 설명할 수 있는가

이 질문에 즉시 답할 수 없다면, 판단은 이미 지연되고 있는 상태다.

7-2. 필수 교육 항목

관리자는 다음 항목에 대해 정기적인 교육을 받아야 한다.

· 공기공급 시스템 구조 및 취약 지점 이해

· 공기공급 사고 사례 분석 및 토론
· 작업중지 · 인양 결정 기준 반복 학습
· 기록 · 서명 · 보고 체계 교육

이 항목들은 단발성 교육이 아니라, 주기적으로 반복되어야 한다.

현장 적용 포인트(7-2)

필수 교육 항목은 실제 현장 상황과 분리되어서는 안 된다. 교육 내용은 반드시 최근 사고 사례, 내부 작업 사례, 현장 환경 변화와 연결되어야 하며, 관리자가 자신의 판단 기준을 점검하는 계기가 되어야 한다.

교육이 끝난 후 관리자는 다음을 스스로 확인해야 한다.

· 이번 교육에서 새롭게 인식한 위험 신호는 무엇인가
· 기존 판단 기준 중 수정이 필요한 부분은 무엇인가

7-3. 시나리오 기반 훈련의 필요성

실제 사고는 매뉴얼 그대로 발생하지 않는다. 따라서 관리자 훈련은 반드시 시나리오 기반으로 이루어져야 한다.

· 공기공급 압력 불안정 시나리오
· 통신 이상과 공기 이상이 동시에 발생하는 복합 시나리오
· 인양 결정을 두고 현장 압력이 가해지는 상황 설정

시나리오 훈련의 목적은 '정답 찾기'가 아니라, '결정을 내리는 연습'이다.

7-3-1. 훈련이 현장에서 작동하지 않는 이유

많은 현장에서 훈련은 형식적인 절차 이수로 끝난다. 실제 상황에서는 다음과 같은 이유로 훈련 내용이 제대로 작동하지 않는 경우가 많다.

· 훈련이 항상 정상 상황을 전제로 구성됨
· 판단 지연이 가져오는 실제 결과를 체감하지 못함
· 작업중지 결정을 내려 본 경험 자체가 부족함

이러한 훈련은 관리자를 준비시키기보다, 오히려 위험을 과소평가하는 습관을 강화시킨다.

7-4. 훈련 평가와 피드백

훈련은 평가와 피드백이 동반될 때 효과를 가진다.

· 판단 시점의 적절성 평가
· 중지 · 인양 선언의 명확성 평가
· 지휘 체계 유지 여부 점검

피드백은 개인 비난이 아니라, 조직 차원의 판단 기준을 정교화하는 과정이어야 한다.

7-5. 교육 기록과 자격 유지

관리자 교육과 훈련 결과는 반드시 기록으로 남겨야 한다. 이는 개인 역량을 통제하기 위함이 아니라, 현장의 안전 수준을 관리하기 위한 최소한의 장치이다.

정기 교육 미이수자는 관리 업무에서 배제되는 기준이 명확히 설정되어야 한다.

7-6. 제7장 요약

관리자는 타고나는 존재가 아니라, 훈련을 통해 만들어진다. 교육과 훈련 체계가 없는 현장에서 안전을 기대하는 것은 우연에 기대는 것과 다르지 않다.

관리자 교육 선언

관리자를 교육하지 않는다는 것은 사고 발생 시 운에 맡기겠다는 것과 같다. 교육과 훈련은 비용이 아니라, 사고가 발생하기 전에 반드시 지불해야 하는 안전의 대가다.

관리자는 태어나지 않는다. 관리자는 만들어진다.

본 부록은 산업잠수 현장에서 관리자의 판단과 책임을 명확히 하기 위한 실무 문서로 구성되어 있다. 각 부록은 기록을 남기기 위한 양식이 아니라, 판단을 촉진하고 사고를 예방하기 위한 도구로 사용되어야 한다.

부록 A. 공기공급 관리자 확인 · 서명 양식

A-1. 양식의 목적

본 서명 양식은 공기공급 관리자 및 현장 관리자가 잠수 전·중·후 주요 판단 지점을 명확히 기록하고, 그 판단에 대해 책임을 인식하도록 설계되었다.

서명은 책임 전가를 위한 것이 아니라, 판단을 회피하지 않았음을 증명하는 행위이다.

A-2. 공기공급 관리자 서명 양식(예시)

· 작업명/현장명:

· 작업 일시:

· 잠수사 성명:

· 관리자 성명:

□ **잠수 전 확인**

· 공기공급원 상태 확인 □

· 예비 공기원 확보 □

· 통신 상태 확인 □

· 작업 계획 재확인 □

관리자 서명: __________   일시: __________

□ **잠수 중 주요 판단 기록**

· 이상 징후 발생 여부: □ 있음/□ 없음

· 조치 내용:

관리자 서명: __________   일시: __________

□ **작업 종료 또는 중지 후**

· 작업 종료/중지 사유:

· 잠수사 상태:

관리자 서명: __________   일시: __________

A-3. 사용 지침

· 서명은 각 단계별로 실제 판단이 이루어진 직후 작성한다.

· 사후 일괄 작성은 허용되지 않는다.

· 공기공급 이상과 관련된 판단은 반드시 기록한다.

부록 B. 공기공급 이상 발생 시 비상 대응 기록지

B-1. 기록지의 목적

본 기록지는 공기공급 이상 발생 시 관리자의 대응 흐름을 정리하고, 인양 결정 시점을 명확히 남기기 위해 사용된다.

B-2. 비상 대응 기록 항목

- 이상 발생 시각:
- 이상 내용:
- 즉시 조치 내용:
- 예비 공기원 전환 여부:
- 인양 결정 시각:
- 인양 사유:

관리자 서명: __________   일시: __________

B-3. 기록 원칙

- 기록은 대응과 동시에 간략히 수행한다.
- 완전한 문장보다 핵심 사실 위주로 작성한다.
- 인양 지연 사유는 반드시 명확히 기록한다.

   관리자는 잠수사를 물에 보내는 마지막 사람이다

부록 C. 관리자 교육 · 훈련 이수 기록표

C-1. 기록표의 목적

본 기록표는 관리자 교육과 훈련 이수 현황을 관리하고, 현장 배치 기준을 명확히 하기 위해 사용된다.

C-2. 교육 · 훈련 이수 기록 항목

· 관리자 성명:

· 소속:

· 교육 과정명:

· 교육 일자:

· 교육 내용 요약:

· 훈련 평가 결과:

관리자 서명: __________   일시: __________

C-3. 운용 기준

· 교육 미이수자는 공기공급 관리자 업무를 수행할 수 없다.

· 기록은 최소 3년 이상 보관한다.

· 반복 훈련 이수 여부를 현장 배치 기준에 반영한다.

부록 종합 정리

　부록 A, B, C는 서로 독립된 문서가 아니라 하나의 판단 체계를 구성한다. 기록과 서명, 교육 이력은 관리자의 판단을 보호하고 강화하는 마지막 안전 장치이다.

법·기준·사례로 보는 산업잠수 안전

산업잠수 사고의 출발점을 '관리자의 판단'에서 찾았다면, 그 판단이 단순한 개인의 선택이나 경험적 결론이 아니라, **법적 의무이자 명확한 책임**임을 법·기준·사례를 통해 입증하는 파트이다. 이 파트는 관리자의 판단이 사후적으로 평가되는 영역이 아니라, 사전에 요구되고 보호받아야 할 행위임을 구조적으로 설명한다.

산업잠수 현장에서 관리자의 판단은 더 이상 개인적 결단이나 현장 재량의 문제가 아니다. 국내 산업안전보건법과 그 하위 법령, 그리고 국제 기준들은 공통적으로 관리자가 위험을 인지했을 때 **지체 없이 개입하고, 필요시 작업을 중지해야 할 의무**를 명확히 규정하고 있다. 즉, '사고가 발생했는가'가 아니라 '위험을 인지할 수 있었는가, 그리고 그에 상응하는 판단을 했는가'가 책임 판단의 기준이 된다.

그럼에도 불구하고 많은 산업잠수 사고는 법이나 기준이 존재하지 않아서가 아니라, 그것들이 현장에서 실제 판단 기준으로 작동하지 못했기 때문에 발생한다. 법 조항은 문서 속에 존재하지만, 관리자의 판단 체계 속으로 들어오지 못한 채 사후 책임의 근거로만 소환되는 경우가 반복되어 왔다.

이러한 단절을 해소하는 데 목적이 있다. 이 파트에서는 국내 산업안전보건 관련 법규와 국제 기준(IMCA, OSHA 등)을 산업잠수 현장의 실제 상황에 맞게 해석하고, 각 조항이 어떤 판단을 요구하는지를 구체적으로 설명한다. 더 나아가 실제 사고 사례와 1:1로 연결하여, 관리자가 어느 시점에서 어떤 판단을 했어야 했는지를 분석한다.

이를 통해 법과 기준이 단순한 규정 문서나 처벌의 근거가 아니라, **관리자가 조기에 개입하고
작업을 중지할 수 있도록 뒷받침하는 판단의 보호 장치**임을 분명히 한다.

산업잠수 관련 국내 법규의 이해

산업잠수 작업은 일반적인 산업 작업과 달리, 작업 환경 자체가 생명 유지 장치에 의존하는 고위험 작업이다. 따라서 국내 산업안전보건 관련 법규는 산업잠수 작업을 별도의 위험 작업으로 간주하며, 관리자의 사전 조치와 즉각적 개입 의무를 특히 강조하고 있다. 이 장에서는 법 조문을 그대로 나열하기보다, **관리자가 현장에서 어떤 판단을 내려야 하는가**라는 관점에서 국내 법규를 해석한다.

8-1. 산업안전보건법에서 산업잠수 작업의 위치

산업안전보건법은 '근로자의 생명과 신체 보호'를 최우선 원칙으로 삼고 있으며, 산업잠수는 그중에서도 질식·감압·압력 손상 등 치명적 위험이 상존하는 작업으로 분류된다. 이는 법적으로 산업잠수 작업이 **사전 위험 평가와 관리 감독이 필수적인 작업**임을 의미한다.

법의 관점에서 산업잠수 관리자는 단순한 작업 관리자나 현장 책임자가 아니다. 산업안전보건법은 관리자를 '위험을 인지할 수 있는 위치에 있는 자'로 규정하며, 그 인지 가능성 자체를 책임의 출발점으로 본다. 즉, 실제 사고가 발생했는지가 아니라, **위험을 인지할 수 있었음에도 불구하고 조치하지 않았는지**가 판단의 기준이 된다.

8-2. 관리자의 안전조치 의무와 판단 책임

산업안전보건법은 관리자가 위험을 인지했을 때 취해야 할 의무를 명확히 규정하고 있다. 이는 장비 점검이나 보호구 지급과 같은 사전 조치에 국한되지 않는다. 작업 도중이라 하더라도 위험이 감지되면 즉시 조치를 취해야 하며, 필요할 경우 작업을 중지시키는 것이 관리자의 법적 의무다.

여기서 중요한 점은 '위험의 확정'이 아니라 '위험의 가능성'이다. 법은 사고가 명확히 예견될 때만 개입하라고 요구하지 않는다. 오히려 **위험 신호가 반복되거나 정상 범위를 벗어났다고 판단되는 순간**, 관리자의 개입 의무가 발생한다고 해석한다. 이는 공기공급 이상, 통신 불안정, 잠수사의 반응 변화 등 산업잠수 현장에서 흔히 나타나는 징후들이 모두 법적 판단의 대상이 된다는 의미다.

현장 적용 포인트(8-2)

· 위험이 '확인'되었는지를 기다릴 필요는 없다. **이상 징후가 반복되면 그 자체로 개입 사유**가 된다.
· 공기공급 압력 변동, 통신 끊김, 잠수사의 반응 저하 등은 기술 문제가 아니라 **법적 판단 신호**다.
· 관리자가 위험을 인지하고도 조치를 미루는 순간, 그 판단 지연 자체가 책임 판단의 대상이 된다.

8-3. 작업중지 의무와 '즉시성'의 의미

산업안전보건법에서 규정하는 작업중지 의무의 핵심은 '즉시성'에 있다. 작업중지는 사후적인 선택지가 아니라, 위험이 감지되는 순간 실행되어야 하는 조치다. 법은 관리자가 공정 지연, 일정 압박, 원청과의 관계를 이유로 판단을 유예하는 것을 정당한 사유로 인정하지 않는다.

특히 산업잠수 작업에서는 위험 신호가 짧은 시간 안에 치명적인 결과로 이어질 수 있기 때문에, 법은 관리자에게 **보수적 판단을 요구**한다. 다시 말해, 안전을 위한 중단이 과잉 대응으로 판단되는 경우보다, 중단하지 않아 사고로 이어진 경우의 책임이 훨씬 무겁게 다뤄진다.

이러한 법적 구조는 관리자가 작업중지를 선언했을 때 보호받을 수 있는 근거이기도 하다. 관리자가 법과 기준에 따라 조기에 개입했다면, 그 판단은 결과와 무관하게 정당한 것으로 평가된다.

현장 적용 포인트(8-3)

· 작업중지는 '논의의 결과'가 아니라 **판단의 실행**이다.
· 일정 · 공정 · 관계는 즉시성을 지연시킬 수 있는 합법적 사유가 아니다.
· 법은 관리자가 **중지했는가**를 묻지, 왜 더 지켜봤는지를 묻지 않는다.

8-4. 도급 · 하도급 구조에서의 관리자 책임

산업잠수 작업은 다수의 이해관계자가 얽힌 도급 · 하도급 구조에서 수행되는 경우가 많다. 그러나 산업안전보건법은 이러한 구조가 관리자의 책임을 경감시키지 않는다는 점을 분명히 한다.

현장을 실질적으로 지휘 · 감독하는 관리자는 소속과 무관하게 안전조치 의무를 부담한다. 즉, '원청의 지시'나 '계약 관계'는 작업중지 판단을 미룰 수 있는 사유가 될 수 없다. 법은 현장을 통제할 수 있는 위치에 있는 관리자가 위험을 인지했다면, 그 즉시 조치를 취해야 한다고 해석한다.

이 조항은 산업잠수 관리자에게 중요한 의미를 가진다. 작업중지를 선언하는 순간, 관리자는 개인 판단이 아니라 **법에 따른 의무를 이행하고 있는 것**이 된다.

8-5. 제8장 정리: 법은 판단을 요구한다

국내 산업안전보건법은 산업잠수 관리자에게 기술적 완벽함을 요구하지 않는다. 대신 위험을 인지했을 때 **멈출 수 있는 판단**을 요구한다. 법의 목적은 사고 이후 책임을 묻는 데 있는 것이 아니라, 사고 이전에 판단을 촉구하는 데 있다.

이 장에서 살펴본 바와 같이, 법은 관리자의 판단을 제한하는 장치가 아니라, 판단을 지지하고
보호하는 기준이다.

제8장 종합 현장 포인트

· 법은 사고 이후를 위한 문서가 아니라, **사고 이전에 작동해야 하는 기준**이다.
· 관리자의 판단은 재량이 아니라 **법적 의무**다.
· 멈춘 판단은 보호받고, 미룬 판단은 책임으로 남는다.

다음 장에서는 이러한 국내 법규의 관점을 국제 기준(IMCA·OSHA)과 비교하여, 산업잠수 관
리자의 판단 의무가 세계적으로 어떻게 공통화되어 있는지를 살펴본다.

국제 기준(IMCA · OSHA)과 관리자 판단 의무

산업잠수 안전에 관한 국제 기준은 국가별 법체계나 산업 구조의 차이를 넘어, 관리자에게 요구되는 판단과 개입의 원칙에 있어 놀라울 정도로 일관된 메시지를 전달하고 있다. IMCA(International Marine Contractors Association)와 OSHA(미국 산업안전보건청)의 기준은 세부적인 기술 요건이나 장비 사양보다도, **위험을 인지했을 때 관리자가 어떻게 행동해야 하는가**에 초점을 맞춘다. 이 기준들은 관리자의 판단을 부수적인 요소가 아니라, 산업잠수 안전 체계의 중심축으로 위치시킨다.

국제 기준에서 공통적으로 강조되는 점은, 관리자의 역할이 단순히 작업을 조율하고 공정을 관리하는 데 그치지 않는다는 사실이다. 관리자는 작업이 계속되어도 되는지, 아니면 중단되어야 하는지를 결정하는 최종 판단자이며, 이 판단은 기술적 완전성보다도 **보수성과 즉시성**을 기준으로 평가된다. 다시 말해, 국제 기준은 '사고가 발생하지 않았는가'가 아니라 '위험을 인지했을 때 적절히 멈췄는가'를 묻는다.

IMCA와 OSHA 기준은 모두 작업중지를 예외적 상황이나 최후의 수단으로 보지 않는다. 오히려 작업중지는 정상적인 관리 행위이며, 위험 신호가 나타났을 때 가장 먼저 고려되어야 할 선택지로 제시된다. 공기공급의 미세한 불안정, 통신 상태의 반복적 저하, 잠수사의 행동 · 응답 변화와 같은 징후들은 국제 기준상 이미 충분한 개입 사유에 해당한다. 이 단계에서 관리자가 작업을 지속하기로 판단하는 것은 '신중한 판단'이 아니라, **기준에 어긋나는 위험 감수**로 해석될 수 있다.

이 장에서는 IMCA와 OSHA가 각각 어떤 언어로 관리자 판단 의무를 규정하고 있는지를 살펴보고, 그 공통된 원칙이 국내 산업안전보건법과 어떻게 연결되는지를 분석한다. 이를 통해 국제 기준이 관리자의 판단을 제한하거나 부담을 가중시키는 규범이 아니라, 오히려 **조기 개입과 작업중지를 정당화하고 보호하는 기준**임을 분명히 하고자 한다.

9-1. IMCA 기준이 규정하는 관리자의 역할

IMCA는 산업잠수를 포함한 해양 작업 전반에서 '관리자(Supervisor)'를 단순히 현장의 작업을 조율하는 책임자로 정의하지 않는다. IMCA 기준에서 관리자는 작업의 효율이나 공정 준수보다 우선하여, **작업이 안전하게 지속될 수 있는지 여부를 판단하고 보증하는 최종 판단자**로 규정된다. 이는 관리자의 역할이 기술적 감독을 넘어, 작업의 존속 여부를 결정하는 독립적 판단 주체임을 의미한다.

IMCA 문서에서 반복적으로 등장하는 핵심 개념은 'Stop Work Authority'이다. 이 개념은 흔히 작업을 중단할 수 있는 권한으로 오해되지만, IMCA 기준에서는 선택적 권한이 아니라 **반드시 행사되어야 할 책임**에 가깝다. 다시 말해, 관리자는 작업을 멈출 수 있기 때문에 책임을 지는 것이 아니라, 멈추지 않았을 경우 책임을 지게 된다.

IMCA는 관리자가 위험을 '확정'하기 전 단계에서 이미 개입할 것을 요구한다. 공기공급 압력의 미세한 변동, 통신 품질의 불안정, 잠수사의 응답 지연이나 행동 변화는 단독으로 보면 경미해 보일 수 있다. 그러나 IMCA 기준에서는 이러한 신호들이 하나라도 나타나는 순간, 작업은 더 이상 정상 상태로 간주되지 않는다. 이 시점에서 관리자가 작업을 지속하기로 판단하는 것은 신중함이 아니라, **기준이 허용하지 않는 위험 감수**로 해석될 수 있다.

또한 IMCA 기준은 관리자가 외부 압력으로부터 독립적인 판단을 내려야 함을 분명히 한다. 공정 지연, 일정 압박, 발주처의 요구, 작업 완료에 대한 기대 등은 관리자 판단의 고려 요소가 될 수 없으며, 이러한 요소를 이유로 작업중지를 지연하는 것은 관리자의 역할을 벗어난 행위로 평가된

 관리자는 잠수사를 물에 보내는 마지막 사람이다

다. IMCA는 관리자가 기술적 판단뿐 아니라, **현장 분위기와 조직 압력으로부터 작업을 보호하는 역할**을 수행해야 한다고 본다.

결국 IMCA 기준이 규정하는 관리자의 역할은 명확하다. 관리자는 작업을 계속시키는 사람이 아니라, **계속해서 안전한지 여부를 끊임없이 의심하고, 의심이 해소되지 않으면 멈추는 사람**이다. 이 기준에서 작업중지는 실패의 신호가 아니라, 관리자가 자신의 역할을 정확히 수행하고 있다는 가장 분명한 증거로 간주된다.

이러한 IMCA의 관리자 개념은 국내 산업안전보건법 체계와도 직접적으로 연결된다. 산업안전보건법은 관리자를 '작업을 지휘·감독하며 위험을 인지할 수 있는 위치에 있는 자'로 전제하고, 그 인지 가능성 자체를 책임의 출발점으로 본다. 이는 IMCA가 말하는 '최종 판단자' 개념과 동일한 구조다.

특히 산업안전보건법 제38조(안전조치)와 제51조(작업중지)는 관리자가 위험을 인지했을 때 즉시 조치하고, 필요시 작업을 중지해야 할 의무를 명시하고 있다. 여기서도 법은 위험이 현실화되었는지를 묻지 않는다. **위험을 예견할 수 있었는가, 그리고 그에 맞는 판단을 했는가**를 판단 기준으로 삼는다.

또한 산업안전보건법 시행령 및 관련 고시는 고위험 작업에 대해 관리자의 사전 위험성 평가, 작업 중 감시, 이상 발생 시 즉각 조치 의무를 요구한다. 이는 IMCA 기준에서 요구하는 보수적 판단과 즉시 개입 원칙이 국내 법체계에서도 동일하게 작동하고 있음을 보여 준다.

결과적으로 IMCA 기준과 국내 산업안전보건법은 서로 다른 문서임에도 불구하고, 관리자의 역할을 동일하게 정의한다. 관리자는 작업의 효율을 책임지는 사람이 아니라, **위험을 감지하고 멈출 책임을 지는 마지막 판단자**다.

· 'Stop Work Authority'는 선택권이 아니라 **즉시 행사해야 할 책임**이다.

· 공기공급·통신·잠수사 반응 중 하나라도 불안정하면 작업은 이미 정상 상태가 아니다.

· IMCA 기준에서 작업중지는 **현장 통제 실패가 아니라 정상적인 관리 행위**로 간주된다.

9-2. OSHA 기준과 '합리적 관리자' 개념

OSHA는 관리자의 책임을 '결과'가 아닌 '예견 가능성'의 관점에서 평가한다. 즉, 사고가 실제로 발생했는지가 아니라, **합리적인 관리자가 동일한 상황에서 위험을 인지할 수 있었는지**가 판단의 기준이 된다.

이 기준에 따르면 공기공급 이상 신호, 반복되는 경미한 장비 문제, 잠수사의 반응 저하 등은 모두 관리자가 위험을 인지할 수 있었던 정황으로 간주된다. OSHA는 이러한 신호를 무시하고 작업을 지속한 판단을 중대한 관리 실패로 평가한다.

이러한 OSHA의 '합리적 관리자' 기준은 국내 산업안전보건법의 책임 구조와도 직접적으로 연결된다. 산업안전보건법은 사고 발생 여부와 관계없이, 관리자가 위험을 **인지할 수 있었는지**와 그에 상응하는 조치를 했는지를 중심으로 책임을 판단한다. 이는 OSHA가 결과보다 예견 가능성을 중시하는 기준과 동일한 사고 구조다.

특히 산업안전보건법 제38조(안전조치 의무)와 제51조(작업중지)는 관리자가 위험을 인식하거나 인식할 수 있었음에도 불구하고 조치를 취하지 않은 경우를 중대한 의무 위반으로 본다. 이때 법은 관리자의 주관적 판단이 아니라, **동일한 상황에서 합리적인 관리자가 위험을 인지할 수 있었는지**를 기준으로 판단한다.

결과적으로 OSHA 기준과 국내 산업안전보건법은 모두 관리자의 책임을 '사고 발생 이후'가 아니라, **사고 이전 판단 단계**에서 묻는다. 이는 관리자가 조기에 작업을 중지하고 개입했을 경우, 그 판단이 국제 기준과 국내 법규 양측에서 모두 정당화될 수 있음을 의미한다.

현장 적용 포인트(9-2 OSHA)

· 사고 발생 여부보다 **위험을 예견할 수 있었는지**가 판단의 기준이 된다.

· 반복되는 경미한 이상은 '경고 신호'로 누적 평가해야 한다.

· OSHA 기준에서는 "몰랐다"보다 "알 수 있었는데 판단하지 않았다"가 더 무겁다.

국내 법규 연계 포인트(9-2)

· 산업안전보건법은 OSHA와 동일하게 **결과가 아닌 예견 가능성**을 기준으로 책임을 판단한다.

· 제38조(안전조치 의무), 제51조(작업중지)는 위험 인지 가능 단계에서 이미 관리자 의무가 발생함을 전제한다.

· 국제 기준에 따른 조기 작업중지는 국내 법체계에서도 **합법적·정당한 판단**으로 보호된다.

9-3. 국제 기준이 공통적으로 요구하는 판단 원칙

IMCA와 OSHA는 표현 방식에는 차이가 있지만, 다음과 같은 판단 원칙에서는 명확한 공통점을 보인다.

· 위험이 '확정'되기를 기다리지 말 것

· 안전 판단에서 일정·공정·비용을 우선하지 말 것

· 작업중지는 정상적인 관리 행위로 인식할 것

· 조기 중단은 보호 대상이며, 지연은 책임 대상임을 명확히 할 것

이러한 원칙은 국제 기준이 관리자의 판단을 제한하는 것이 아니라, **관리자가 멈출 수 있도록 제도적으로 지지하고 있음을** 보여 준다.

현장 적용 포인트(9-3 공통 원칙)

· 국제 기준은 모두 **보수적 판단을 정답**으로 설정한다.
· '계속해도 되나?'가 아니라 '멈춰야 할 신호가 있었는가?'를 질문해야 한다.
· 일정과 비용은 판단 요소가 될 수 없으며, 오직 위험 신호만이 판단 근거가 된다.

9-4. 국내 법규와 국제 기준의 연결 지점

국내 산업안전보건법과 IMCA · OSHA 기준은 표현과 체계는 다르지만, 관리자의 판단 의무라는 핵심에서는 일치한다. 위험 인지 → 즉각 개입 → 필요시 작업중지라는 흐름은 국내외를 막론하고 공통된 안전 원칙이다.

이는 산업잠수 관리자가 국제 기준을 따르는 것이 국내 법규와 충돌하는 것이 아니라, 오히려 **국내 법적 책임을 보다 충실히 이행하는 방식**임을 의미한다.

9-5. 제9장 정리: 국제 기준은 판단을 지지한다

국제 기준은 관리자에게 완벽한 예측을 요구하지 않는다. 대신 위험 신호를 무시하지 않고, 보수적으로 판단하며, 조기에 개입할 것을 요구한다.
IMCA와 OSHA 기준은 공통적으로 말한다. 관리자의 가장 중요한 역할은 작업을 계속시키는 것이 아니라, **멈춰야 할 순간을 놓치지 않는 것**이라고.

     관리자는 잠수사를 물에 보내는 마지막 사람이다

제9장 종합 현장 포인트

· 국제 기준은 관리자의 판단을 **처벌하기보다 보호하기 위해 존재**한다.

· 조기 중단은 국제적으로 인정되는 정상 판단이다.

· 멈춘 관리자는 기준을 따른 것이고, 미룬 관리자는 기준에서 벗어난 것이다.

다음 장에서는 이러한 국내외 법·기준이 실제 사고에서 어떻게 적용되었어야 했는지를 사고 사례를 통해 구체적으로 분석한다.

산업잠수 관련 핵심 법령 요약
(감독·감리 대응용)

본 장은 산업잠수 사고 조사 및 감독·감리 과정에서 **가장 빈번하게 확인되는 법령만을 선별**하여, 관리자의 판단 기준 관점에서 재구성한 요약 페이지다. 본 요약은 법 조문 전체를 해설하기 위한 것이 아니라, 사고 발생 시 관리자의 판단이 어떤 법적 근거 위에서 평가되는지를 명확히 보여주기 위한 목적을 가진다.

1. 산업안전보건법 핵심 조항 요약

제38조(안전조치 의무)

▶ 의미: 관리자는 작업 전·중 위험을 인지할 수 있는 위치에 있으며, 위험이 감지되면 즉시 조치를 취해야 할 의무가 있다.

▶ 판단 기준: 사고 발생 여부와 무관하게, 위험을 *인지할 수 있었는지*가 책임의 출발점이 된다.

제51조(작업중지)

▶ 의미: 급박한 위험이 있을 경우 관리자는 작업을 중지시키고 근로자를 대피시켜야 한다.

▶ 판단 기준: '급박함'은 결과가 아니라 **관리자의 판단 시점**에서 평가된다.

2. 산업안전보건법 시행령 · 고시(잠수 작업 관련)

· 고위험 작업에 대한 사전 위험성 평가 의무
· 작업 중 지속적 감시 및 이상 발생 시 즉각 조치 의무
· 생명 유지 장치 의존 작업에서의 보수적 판단 요구

▶ 적용 의미: 산업잠수 작업은 시행령 · 고시 해석상 **중단을 전제로 관리해야 하는 작업**으로 분류된다.

3. 국제 기준과의 1:1 대응 정리

판단 항목	국내 산업안전보건법	IMCA	OSHA
위험 인지	인지 가능성 기준	Early Hazard Recognition	Reasonable Supervisor
개입 시점	즉시 조치 의무	Immediate Intervention	Prompt Action
작업중지	제51조 의무	Stop Work Authority	Stop Work Expectation

▶ 공통 결론: 조기 중단은 보호 대상, 지연은 책임 대상

4. 감독 · 감리 대응용 한 문장 요약

"산업잠수 작업에서 관리자의 판단은 산업안전보건법, IMCA, OSHA 기준에 따라
위험 인지 즉시 개입과 작업중지를 전제로 평가됩니다."

본 요약은 제10장 사고 사례 분석을 이해하기 위한 사전 기준 페이지로 활용되며, 사고 사례에서 '어떤 판단이 누락되었는지'를 명확히 드러내는 기준선 역할을 한다.

감독·감리 대응용 요약 페이지

본 요약 페이지는 산업잠수 현장에서 발생하는 사고에 대해 감독관·감리자·조사기관이 제기하는 핵심 질문에 관리자가 어떻게 답변해야 하는지를 정리한 **설명·대응용 기준 문서**이다. 모든 내용은 아래 질문들에 대한 일관된 답을 제공하도록 구성되어 있다.

1. 사고 발생 시 감독·감리가 가장 먼저 묻는 질문

· 위험 신호는 언제, 어떻게 인지되었는가?

· 관리자는 그 신호를 인지할 수 있는 위치에 있었는가?

· 인지 이후 어떤 판단과 조치가 이루어졌는가?

· 작업중지가 가능한 시점은 언제였으며, 왜 그 시점에 중지되지 않았는가?

국내 산업안전보건법, IMCA, OSHA 기준은 공통적으로 위 질문에 대한 답변을 **결과가 아닌 판단 과정**에서 찾는다.

2. 법·국제 기준이 공통으로 요구하는 관리자 판단 구조

산업잠수 안전과 관련한 국내외 모든 기준은 다음의 동일한 판단 구조를 전제한다.

1. 위험을 인지했거나 인지할 수 있었는가

  관리자는 잠수사를 물에 보내는 마지막 사람이다

2. 인지 이후 즉각적인 개입이 이루어졌는가

3. 필요시 작업중지 판단이 실행되었는가

이 구조에서 중요한 점은, 사고 발생 여부는 판단의 출발점이 아니라는 것이다. **판단은 항상 사고 이전 단계에서 평가된다.**

3. 작업중지 판단에 대한 감독·감리 기준 정리

· 작업중지는 과잉 대응이 아니라 법과 국제 기준이 요구하는 정상적인 관리 행위다.

· 일정 지연, 공정 압박, 발주처 요구는 작업중지를 지연할 수 있는 합법적 사유가 아니다.

· 관리자가 위험 신호를 인지하고도 판단을 유예한 경우, 그 지연 자체가 책임 판단의 대상이 된다.

4. 관리자가 설명해야 할 핵심 논리 구조(현장 대응용)

감독·감리 대응 시 관리자는 다음 논리 구조로 판단을 설명해야 한다.

"본 작업은 공기공급·통신·잠수사 반응에서 반복적 이상 징후가 확인되었으며, 이는 산업안전보건법 제38조 및 제51조, IMCA Stop Work Authority, OSHA 합리적 관리자 기준에 따라 즉각 개입과 작업중지가 요구되는 상황이었습니다. 이에 따라 조기 중단 판단을 실행하였습니다."

이 설명 구조는 국내 법규와 국제 기준을 동시에 충족한다.

5. 한 문장 핵심 선언(감독·감리 대응용)

"산업잠수 사고의 책임은 사고가 발생했는지가 아니라,
위험을 인지하고도 멈추지 않았는지에서 판단된다."

이 문장은 전체를 관통하는 감독·감리 대응용 요약 선언이며, 보고서·회의·진술서에 그대로 사용 가능하다.

※ 본 요약 페이지는 현장 게시, 감독 대응 설명 자료, 사고 조사 시 참고 문서로 직접 활용할 수 있도록 구성되었다.

제10장

실제 사고 사례 분석

이 장에서는 산업잠수 현장에서 실제로 발생한 사고 사례를 통해, 앞선 장에서 정리한 법·기준이 **어느 시점에서, 어떤 판단으로 작동했어야 했는지**를 분석한다.

본 장의 목적은 사고의 결과를 비판하는 데 있지 않다. 사고 이전 단계에서 관리자의 판단 구조가 어떻게 작동했는지, 그리고 어디에서 멈췄어야 했는지를 드러내는 데 있다.

사례는 국내 사고 3건, 해외 사고 2건으로 구성되며, 모든 사례는 공통적으로 **기술 결함이 아닌 판단 지연**이라는 특징을 가진다.

10-1. 국내 사고 사례

① 공기공급 이상 신호의 과소평가

해당 사고는 항만 구조물 점검을 위한 산업잠수 작업 중 발생하였다. 잠수 초반부터 공기공급 압력의 미세한 변동과 통신 품질 저하가 반복적으로 관측되었으나, 관리자는 이를 일시적 현상으로 판단하고 작업을 지속시켰다.

문제의 핵심은 공기공급 이상이 단발성 사건이 아니라 **반복적 신호**였다는 점이다. 산업안전보건법 제38조 및 제51조, IMCA Stop Work Authority 기준에 따르면, 이 시점은 이미 작업중지를 고려해야 하는 단계였다. 그러나 관리자는 '조금 더 지켜보자'는 판단을 내렸고, 그사이 공기공급 불안정은 급격히 악화되었다.

이 사고에서 관리자의 판단은 기술적 한계 때문이 아니라, 위험 신호를 정상 범위로 오인한 판단 구조의 문제에서 비롯되었다.

□ 판단 누락 포인트(사례 10-1)
· 반복된 공기공급 이상을 단발성 현상으로 축소 해석함
· 산업안전보건법 제51조에 따른 작업중지 시점을 놓침
· IMCA 기준이 요구하는 '초기 이상 단계 개입'을 실행하지 않음

② 통신 두절 후 지연된 인양 결정

두 번째 사례는 해저 케이블 부설 작업 중 발생한 사고다. 잠수사와의 음성 통신이 간헐적으로 끊기는 현상이 발생했으나, 예비 통신 수단이 작동하고 있다는 이유로 작업은 계속되었다.

OSHA의 '합리적 관리자' 기준과 국내 산업안전보건법은 모두 **통신 장애 자체를 위험 인지 신호**

로 본다. 이 사고에서 관리자는 통신 완전 두절이 발생한 이후에야 인양을 결정했으며, 이는 이미 판단 시점을 놓친 후였다.

사고 분석 결과, 관리자는 통신 상태를 기술적 문제로만 해석했고, 잠수사의 인지 상태와 스트레스 반응을 판단 요소로 포함시키지 못했다. 이로 인해 작업중지 판단은 지연되었고, 사고는 불가피한 결과로 이어졌다.

□ 판단 누락 포인트(사례 10-2)
· 통신 이상을 기술 문제로만 분류하여 위험 신호로 인식하지 않음
· 잠수사의 스트레스·인지 저하를 판단 요소에서 제외함
· OSHA 합리적 관리자 기준에서 요구하는 조기 중단 판단을 미실행

③ 반복된 무사 통과 경험에 의한 판단 왜곡

세 번째 국내 사례는 동일 작업을 수차례 무사히 수행한 경험이 관리자의 판단을 흐린 경우다. 이전 작업에서도 경미한 공기공급 이상과 통신 지연이 있었으나, 큰 문제 없이 종료되었다는 경험이 축적되어 있었다.

이러한 '반복된 무사 통과 경험'은 위험 신호를 정상화시키는 대표적인 판단 오류다. 산업안전보건법과 국제 기준은 과거 결과가 현재 판단의 근거가 될 수 없음을 전제로 하지만, 현장에서는 경험이 기준을 대체하는 경우가 빈번하다.

이 사고는 관리자가 법과 기준이 아닌 **경험에 의존한 판단**을 내린 전형적인 사례로 평가된다.

□ 판단 누락 포인트(사례 10-3)

· 과거 무사 통과 경험을 현재 판단의 근거로 사용함

· 위험 신호의 누적 효과를 평가하지 않음

· 국제 기준이 요구하는 보수적 판단 원칙을 이탈함

10-2. 해외 사고 사례

① IMCA 기준 미이행 사례

해외 해양 플랜트 유지보수 작업 중 발생한 이 사고는 IMCA 기준서에 명시된 Stop Work Authority가 현장에서 실제로 작동하지 않은 사례다. 관리자는 공기공급 압력 이상과 잠수사의 반응 저하를 인지했으나, 작업 일정과 선박 운용 계획을 이유로 중단을 미뤘다.

사고 조사 보고서는 관리자의 판단 지연을 핵심 원인으로 지적하며, IMCA 기준이 문서상으로만 존재하고 현장 판단 체계에 반영되지 않았음을 명확히 밝혔다.

□ 판단 누락 포인트(사례 10-4)

· Stop Work Authority를 실제 판단 권한으로 행사하지 않음

· 일정 · 선박 운용 압박을 판단 요소로 포함함

· IMCA 기준상 '중단 우선' 원칙을 현장에 적용하지 않음

② OSHA '합리적 관리자' 기준 적용 사례

이 사례는 미국 연안에서 발생한 산업잠수 사고로, OSHA 조사 보고서가 공개된 대표적 사례다. 조사 결과, 관리자는 위험을 충분히 인지할 수 있는 정보와 위치에 있었음에도 불구하고, 작업을 지속하도록 지시했다.

    관리자는 잠수사를 물에 보내는 마지막 사람이다

OSHA는 이 사고에서 관리자의 판단을 '합리적 관리자 기준에 미달'한 것으로 평가했으며, 사고 결과와 무관하게 **판단 지연 자체를 위반 행위**로 규정했다.

□ 판단 누락 포인트(사례 10-5)
· 위험을 인지할 수 있는 위치에 있었음에도 판단을 유예함
· '확정적 위험' 발생을 기다리는 오류를 범함
· OSHA 기준이 요구하는 예견 단계 개입을 실행하지 않음

10-3. 제10장 종합 분석: 사고는 판단에서 시작된다

국내외 사고 사례는 공통적으로 말한다. 산업잠수 사고는 물속에서 갑자기 발생하는 것이 아니라, **관리자의 판단이 멈추거나 지연되는 순간부터 시작된다.**

이 장의 사례들은 법과 기준이 존재하지 않아서 사고가 발생한 것이 아니라, 그 기준이 실제 판단으로 실행되지 않았기 때문에 사고로 이어졌음을 보여 준다.

10-4. 사고 사례에서 도출되는 공통 판단 실패 패턴 5가지

앞선 국내 · 해외 사고 사례를 종합하면, 사고의 양상은 달라도 관리자의 판단 실패는 일정한 패턴을 반복한다. 다음 다섯 가지는 산업잠수 사고 조사에서 가장 빈번하게 확인되는 **공통 판단 실패 구조**다.

① 반복 신호의 축소 해석

공기공급 이상, 통신 불안정, 잠수사 반응 저하가 반복적으로 나타났음에도 이를 단발성 현상으로 축소 해석하는 경우다. 이는 위험의 누적성을 평가하지 못한 판단 실패로, 법과 국제 기준이 가장 경계하는 오류다.

② 확정적 위험을 기다리는 판단 지연

명확한 사고 징후가 발생할 때까지 개입을 미루는 판단이다. 그러나 산업안전보건법과 IMCA · OSHA 기준은 모두 위험이 '확정'되기 이전 단계에서의 개입을 요구한다.

③ 경험이 기준을 대체한 판단

과거에 문제없이 작업을 마쳤다는 경험이 현재의 위험 신호를 무디게 만드는 경우다. 이는 법과 기준보다 개인적 성공 경험을 우선시한 판단 왜곡으로 이어진다.

④ 외부 압력을 판단 요소로 포함한 오류

공정 지연, 일정 압박, 발주처 요구, 선박 운용 계획 등이 안전 판단에 개입하는 경우다. 국제 기준과 국내법 모두 이러한 요소를 합법적인 판단 근거로 인정하지 않는다.

⑤ 작업중지를 '실패'로 인식한 문화

작업중지를 관리 실패나 과잉 대응으로 인식하는 조직 문화는 관리자의 판단을 가장 늦추는 요인이다. 기준에서 작업중지는 정상적이고 보호받는 행위임에도, 문화적 압력이 판단을 마비시키는 구조다.

10-5. 제10장 핵심 정리

이 장에서 살펴본 사고들은 기술의 문제가 아니라 판단의 문제였다. 사고를 막지 못한 원인은 장비가 아니라, **멈춰야 할 순간에 멈추지 못한 판단 구조**에 있었다.

산업잠수 사고 예방의 출발점은 새로운 규정이나 장비가 아니라, 관리자가 위험 신호 앞에서 즉시 개입할 수 있도록 판단 구조를 바로 세우는 데 있다. 제11장에서는 이러한 사고 분석을 바탕으로, 관리자가 현장에서 즉시 활용할 수 있는 판단 보호 체계를 정리한다.

관리자의 판단은 어떻게 보호되는가

앞선 장들에서 반복적으로 확인했듯이, 산업잠수 사고의 핵심 원인은 장비의 결함이나 기술 부족, 혹은 기준의 부재에 있지 않다. 사고는 대부분 위험 신호가 이미 존재하고 있었음에도 불구하고, 그 신호 앞에서 관리자의 판단이 지연되거나 실행되지 못한 구조 속에서 발생한다. 다시 말해 문제는 '무엇을 몰랐는가'가 아니라, **알고 있었거나 알 수 있었음에도 왜 멈추지 못했는가**에 있다.

이 지점에서 많은 관리자들은 혼란을 겪는다. 법과 기준은 분명히 작업중지와 조기 개입을 요구하고 있지만, 실제 현장에서는 일정 압박, 조직 문화, 발주 구조, 과거 경험 등이 복합적으로 작용하며 판단을 흔든다. 그 결과 관리자는 스스로의 판단을 과도하게 개인적 결단이나 책임 부담으로 인식하게 되고, 멈추는 선택 대신 지켜보는 선택을 반복하게 된다.

이 장은 바로 이러한 간극을 메우기 위해 존재한다. 제11장은 법·기준·사례를 다시 나열하는 장이 아니라, **관리자가 왜 멈추지 못했는지를 구조적으로 설명하고, 동시에 왜 멈춰도 되는지를 분명히 해 주는 장**이다. 즉, 판단을 요구하는 기준을 설명하는 데서 한 걸음 더 나아가, 그 판단이 실제로 실행될 수 있도록 관리자를 보호하는 논리를 제시한다.

여기서 말하는 '보호'란 관리자를 사고 이후의 책임으로부터 회피시키는 장치가 아니다. 오히려 위험 신호 앞에서 관리자가 조기에 개입하고 작업을 중지할 수 있도록, 법적·제도적·판단 구조 차원에서 정당성을 부여하는 것이다. 관리자가 멈췄을 때 불안해하지 않도록, 그 판단이 개인의 과잉 대응이 아니라 **법과 국제 기준이 요구하는 정상적 행위임을 명확히 하는 것**, 그것이 이 장의 목적이다.

따라서 제11장은 결론이자, 관리자를 위한 선언문에 가깝다. 이 장을 통해 관리자는 더 이상 '멈출까 말까'를 고민하는 사람이 아니라, **멈춰야 할 순간을 알고 있고, 그 판단이 보호된다는 확신을 가진 최종 판단자**로 자리매김하게 된다.

11-1. 법·기준·사례가 공통으로 던지는 단 하나의 질문

국내 산업안전보건법, IMCA, OSHA, 그리고 실제 사고 사례가 반복해서 던지는 질문은 복잡하지 않다.

"이 시점에서 멈췄어야 했는가?"

이 질문은 사고 이후의 결과를 묻지 않는다. 다친 사람이 있었는지, 장비가 손상되었는지는 판단의 기준이 아니다. 기준이 되는 것은 **그 순간 관리자가 위험을 인지할 수 있었는지, 그리고 그 인지에 상응하는 판단을 했는지**다.

이 구조는 관리자의 판단을 사후적으로 비난하기 위한 것이 아니다. 오히려 관리자가 사고 이전 단계에서 보수적으로 개입할 수 있도록 판단 기준을 단순화한다. 복잡한 기술 계산이나 결과 예측이 아니라, 위험 신호가 있었는지 여부만을 묻기 때문이다.

11-2. 관리자가 가장 흔히 흔들리는 다섯 가지 판단 순간

사고 사례를 종합하면, 관리자의 판단이 지연되는 순간은 특정한 패턴을 가진다.

첫째, 공기공급이나 통신 상태가 **완전히 붕괴되지는 않았지만 불안정해졌을 때**다. 이 단계에서는 '조금 더 지켜보자'는 판단이 가장 쉽게 등장한다.

둘째, 잠수사가 "괜찮다", "조금만 더 하겠다"고 응답할 때다. 관리자는 이를 안전 신호로 오해하기 쉽지만, 기준은 잠수사의 의지가 아니라 관리자의 위험 인지에 있다.

셋째, 공정 지연이나 일정 압박이 직접적으로 체감되는 순간이다. 이때 판단은 안전이 아니라 외부 요구와 비교되기 시작한다.

넷째, 과거에 동일한 작업을 문제없이 마친 경험이 떠오를 때다. 경험은 판단을 돕기도 하지만, 동시에 위험 신호를 무디게 만든다.

다섯째, '아직 사고는 나지 않았다'는 사실이 판단을 지연시킬 때다. 그러나 법과 기준은 사고 발생 여부를 판단의 근거로 인정하지 않는다.

이 다섯 순간을 인지하는 것만으로도, 관리자는 자신의 판단이 흔들리고 있음을 자각할 수 있다.

11-3. 작업중지는 왜 법적으로 보호되는 판단인가

작업중지는 현장에서 종종 과잉 대응이나 관리 실패로 오해된다. 그러나 법과 국제 기준의 관점에서 작업중지는 **가장 보호받는 판단 행위**다.

산업안전보건법은 위험이 인지되는 순간 관리자가 작업을 중지해야 할 의무를 부과하며, 그 판단이 결과적으로 사고가 발생하지 않았더라도 문제 삼지 않는다. IMCA와 OSHA 역시 동일하게, 조기 중단 판단을 정상적이고 모범적인 관리 행위로 규정한다.

중요한 점은, 관리자가 작업을 중단했을 때 책임을 지는 것이 아니라, **중단하지 않았을 때 책임이 발생한다는 구조**다. 이 구조를 이해하는 순간, 작업중지는 더 이상 부담이 아니라 보호 장치가 된다.

11-4. 관리자를 보호하는 한 문장 판단 공식

복잡한 상황 속에서 판단을 단순화하기 위해, 현장에서 반복해서 사용할 수 있는 판단 공식이 필요하다.

"위험 신호가 반복되면, 확정 이전이라도 중단한다."

이 한 문장은 국내 산업안전보건법, IMCA, OSHA 기준을 모두 충족한다. 이 문장을 기준으로 판단했다면, 관리자는 결과와 무관하게 자신의 판단을 설명하고 보호받을 수 있다.

11-5. 최종 선언: 판단은 보호되어야 한다

살펴본 모든 법·기준·사례는 하나의 결론으로 수렴된다.

산업잠수 사고는 기술로 설명되지만, 책임은 판단에서 결정된다.

관리자가 위험 신호 앞에서 멈췄다면, 그 판단은 보호받아야 한다. 반대로 멈추지 못했다면, 사고의 책임은 그 지점에서 시작된다. 이 장은 관리자를 처벌하기 위한 장이 아니라, **관리자가 멈출 수 있도록 구조적으로 보호하기 위한 장**이다.

이로써 산업잠수 안전을 법과 기준, 그리고 실제 판단 구조의 관점에서 완결한다.

멈추는 판단은 실패가 아니라, 관리자의 역할이다.

제11장 요약 박스

관리자의 판단 보호 기준 — 현장 핵심 정리

1. 판단의 출발점

· 사고 발생 여부가 아니라 **위험 인지 가능성**이 판단의 기준이다.

· 관리자는 위험을 '알았는지'보다 **알 수 있었는지**로 평가된다.

2. 즉시 개입 원칙

· 공기공급 이상, 통신 불안정, 잠수사 반응 변화는 모두 즉각 개입 사유다.

· 위험이 확정될 때까지 기다리는 판단은 기준에 어긋난다.

3. 작업중지에 대한 법적 보호

· 작업중지는 과잉 대응이 아니라 **법과 국제 기준이 요구하는 정상 판단**이다.

· 멈춘 판단은 보호받고, 미룬 판단은 책임이 된다.

4. 판단을 흔드는 요소 배제

· 일정, 공정, 비용, 발주처 요구는 판단 근거가 될 수 없다.

· 과거 무사 경험은 현재 위험 판단의 기준이 아니다.

5. 현장 판단 공식(암기용)

"위험 신호가 반복되면, 확정 이전이라도 중단한다."

6. 관리자 역할 한 문장 정의

관리자는 작업을 계속시키는 사람이 아니라,

계속해도 안전한지 끊임없이 판단하고 멈출 책임을 지는 최종 판단자다.

   관리자는 잠수사를 물에 보내는 마지막 사람이다

※ 본 요약 박스는 컨트롤룸 게시, 현장 교육 슬라이드, 감독·감리 대응 자료로 그대로 활용 가능하다.

통합 선언문

이 책의 모든 내용은 하나의 질문으로 수렴된다. **"관리자는 언제, 무엇을 근거로 멈춰야 하는가."**

산업잠수 사고의 출발점이 장비나 기술이 아니라, 관리자의 판단 구조에 있음을 밝힌다. 사고는 물속에서 갑자기 발생하지 않는다. 사고는 이미 수면 위에서, 컨트롤룸에서, 그리고 관리자의 머릿속에서 시작된다. 위험 신호가 존재했음에도 그것을 정상으로 해석하거나, 판단을 미루거나, 외부 압력에 의해 개입을 유예한 순간부터 사고는 이미 진행 중이다.

이러한 판단이 단순한 개인적 선택이나 경험의 문제가 아니라, 국내 산업안전보건법과 국제 기준(IMCA · OSHA)이 명확히 요구하는 **법적 · 제도적 의무**임을 증명한다. 법과 기준은 관리자가 완벽한 예측을 하기를 요구하지 않는다. 대신 위험을 인지할 수 있는 위치에 있다면, 그 신호 앞에서 즉시 개입하고 필요시 작업을 중지할 것을 요구한다.

이 책이 반복해서 강조하는 점은 분명하다. 관리자의 판단은 사고 이후 평가받기 위해 존재하는 것이 아니라, 사고 이전에 실행되기 위해 존재한다. 작업중지는 실패가 아니며, 과잉 대응도 아니다. 그것은 법과 기준이 요구하는 가장 정상적인 관리 행위이자, 관리자를 보호하기 위한 제도적 장치다.

따라서 이 책은 관리자를 비난하기 위한 책이 아니다. 오히려 위험 신호 앞에서 멈추는 판단이 개인의 용기가 아니라 **정당한 책임 이행**임을 분명히 하고, 그 판단이 보호받아야 할 행위임을 선언한다.

산업잠수 사고는 기술로 설명되지만, 책임은 판단에서 결정된다.

이 선언은 책임자의 판단을 관통하는 핵심 문장이며, 이후 모든 장과 사례, 기준 해석의 출발점
이 된다.

법·기준·사례로 보는 산업잠수 안전

산업잠수 사고의 출발점을 '관리자의 판단'에서 찾았다면, Part 2는 그 판단이 단순한 개인의 선택이나 경험적 결론이 아니라, **법적 의무이자 명확한 책임**임을 법·기준·사례를 통해 입증하는 파트이다. 이 파트는 관리자의 판단이 사후적으로 평가되는 영역이 아니라, 사전에 요구되고 보호받아야 할 행위임을 구조적으로 설명한다.

산업잠수 현장에서 관리자의 판단은 더 이상 개인적 결단이나 현장 재량의 문제가 아니다. 국내 산업안전보건법과 그 하위 법령, 그리고 국제 기준들은 공통적으로 관리자가 위험을 인지했을 때 **지체 없이 개입하고, 필요시 작업을 중지해야 할 의무**를 명확히 규정하고 있다. 즉, '사고가 발생했는가'가 아니라 '위험을 인지할 수 있었는가, 그리고 그에 상응하는 판단을 했는가'가 책임 판단의 기준이 된다.

그럼에도 불구하고 많은 산업잠수 사고는 법이나 기준이 존재하지 않아서가 아니라, 그것들이 현장에서 실제 판단 기준으로 작동하지 못했기 때문에 발생한다. 법 조항은 문서 속에 존재하지만, 관리자의 판단 체계 속으로 들어오지 못한 채 사후 책임의 근거로만 소환되는 경우가 반복되어 왔다.

이러한 단절을 해소하는 데 목적이 있다. 이 파트에서는 국내 산업안전보건 관련 법규와 국제 기준(IMCA, OSHA 등)을 산업잠수 현장의 실제 상황에 맞게 해석하고, 각 조항이 어떤 판단을 요구하는지를 구체적으로 설명한다. 더 나아가 실제 사고 사례와 1:1로 연결하여, 관리자가 어느 시

 관리자는 잠수사를 물에 보내는 마지막 사람이다

점에서 어떤 판단을 했어야 했는지를 분석한다.

이를 통해 법과 기준이 단순한 규정 문서나 처벌의 근거가 아니라, **관리자가 조기에 개입하고
작업을 중지할 수 있도록 뒷받침하는 판단의 보호 장치**임을 분명히 한다.

*The number one injury in today's workplace:
severe bends caused by repeated exposure to
deep-dive presentations.*

관리자 교육·훈련·체계

산업잠수 안전을 개인의 경험이나 순간적 판단에 의존하지 않고, **조직과 체계의 문제로 전환**하기 위한 파트이다. '무엇이 사고를 만들고, 무엇이 판단을 보호하는가'를 설명했다면, 그 판단이 **현장에서 반복 가능하도록 어떻게 만들어야 하는가**에 답한다.

산업잠수 현장의 안전 수준은 장비의 사양이나 규정의 두께로 결정되지 않는다. 실제 안전을 좌우하는 것은 관리자가 위험 신호를 얼마나 빨리 인지하고, 얼마나 주저 없이 개입할 수 있는가 하는 **판단 역량의 축적 정도**다. 이 판단 역량은 타고나는 것이 아니라, 교육과 훈련을 통해 만들어지고 유지된다.

이 파트에서는 공기공급 관리자를 포함한 산업잠수 관리자를 대상으로, 다음 세 가지 질문에 초점을 맞춘다.

1. 관리자는 무엇을 교육받아야 하는가
2. 판단 능력은 어떻게 훈련될 수 있는가
3. 개인의 판단을 조직의 기준으로 고정하는 방법은 무엇인가

이를 위해 이번 장은 관리자 교육 내용, 반복 훈련 방식, 평가와 기록 체계, 그리고 조직 차원의 지원 구조를 단계적으로 정리한다. 이 파트의 목표는 단순히 '교육을 해야 한다'는 당위를 말하는 것이 아니라, **현장에서 실제로 작동하는 관리자 판단 체계를 설계하는 것**이다.

   관리자는 잠수사를 물에 보내는 마지막 사람이다

관리자는 임명되는 순간부터 판단 훈련의 대상이 된다.

교육되지 않은 판단은 결국 경험에 의존하고, 경험에 의존한 판단은 반복 사고를 만든다.

다음 장에서는 관리자 교육의 출발점이 되는 **기본 교육 체계와 필수 역량 정의**부터 살펴본다.

관리자 판단 교육 구조

제12장

관리자 교육의 출발점

판단은 가르쳐야 하며, 훈련되어야 한다

산업잠수 현장에서 관리자의 판단은 개인의 성향이나 경험에 맡겨질 수 없다. 판단이 개인에게만 의존되는 순간, 현장의 안전 수준은 관리자 개인의 컨디션과 경험 편차에 따라 흔들리게 된다. 이는 조직 차원에서 결코 허용될 수 없는 구조다. 따라서 관리자의 판단은 타고나는 능력이 아니라 **교육을 통해 형성되고 훈련을 통해 유지되는 직무 역량**으로 정의되어야 한다.

많은 현장에서 관리자 교육은 장비 사용법, 절차 숙지, 법정 교육 이수에 머무르는 경우가 많다. 그러나 실제 사고 사례를 보면, 사고를 막지 못한 원인은 규정을 몰라서가 아니라 **규정을 판단으로 전환하지 못했기 때문**인 경우가 대부분이다. 즉, 문제는 지식의 부재가 아니라 판단 구조의 부재다.

관리자 교육은 다음 질문에서 출발해야 한다.

· 관리자는 언제 개입해야 하는가

· 무엇을 위험 신호로 인식해야 하는가

· 어느 시점에서 작업중지를 결정해야 하는가

· 그 판단은 어떤 근거로 보호받는가

이 질문에 대한 명확한 답 없이 진행되는 교육은 관리자에게 '알고는 있지만 확신하지 못하는 판단'만을 남긴다.

12-1. 관리자 교육의 목적은 정답을 가르치는 것이 아니다

관리자 교육의 목적은 매뉴얼을 암기시키는 것이 아니라, **불확실한 상황에서 보수적으로 판단하는 사고 방식을 훈련**하는 데 있다. 현장은 언제나 애매한 신호로 가득 차 있으며, 공기공급은 완전히 끊기지 않고 통신은 간헐적으로 유지된다. 잠수사는 "괜찮다"고 말할 수도 있다.

이때 관리자에게 필요한 것은 더 지켜볼 근거를 찾는 능력이 아니라, **멈춰야 할 근거를 먼저 찾는 판단 구조**다. 따라서 교육은 다음 방향으로 설계되어야 한다.

· 확정된 위험 이전 단계에서 개입하는 훈련
· 기술 판단보다 판단 시점 선택 훈련
· 결과가 아닌 판단 과정 중심 평가

현장 적용 박스: 교육 포인트

· 판단 교육은 기술 교육과 분리하여 설계한다
· 작업중지는 실패가 아닌 정상적 관리 선택지임을 반복 주입한다
· 모든 교육에는 '언제 멈출 것인가' 질문을 포함한다

교육용 도식: 관리자 판단 교육 구조

□ 도식 설명(캡션)

본 도식은 관리자 교육을 *지식 → 인지 → 판단 → 실행*의 흐름으로 시각화한다. 법·기준 지식이 단독으로 존재할 때는 판단으로 이어지지 않지만, 위험 신호 인지 훈련과 작업중지 실행 훈련이 결합될 때 비로소 현장에서 반복 가능한 판단 체계가 형성된다.

□ 구성 요소

① 법·기준 이해(입력) → ② 위험 신호 인지 → ③ 판단 시점 선택 → ④ 개입·작업중지 실행 → ⑤ 기록·피드백(순환)

※ 본 도식은 교육 슬라이드, 교재 본문, 현장 게시물로 공용 사용 가능

12-2. 관리자 필수 판단 역량 5가지

산업잠수 관리자를 위한 교육은 다음 다섯 가지 핵심 판단 역량을 중심으로 구성되어야 한다.

1. 위험 신호 인지 역량

공기공급, 통신, 잠수사 반응에서 정상 범위 이탈을 감지하는 능력

2. 판단 지연 인식 역량

일정 압박, 조직 분위기, 과거 무사 경험이 판단에 개입하는 순간을 자각하는 능력

3. 작업중지 결정 역량

작업중지를 정상적이고 보호받는 관리 행위로 실행하는 능력

4. 판단 근거 설명 역량

법·기준에 근거해 자신의 판단을 설명하고 기록하는 능력

관리자는 잠수사를 물에 보내는 마지막 사람이다

5. 조직 공유 역량

개인의 판단을 팀과 조직의 공통 기준으로 확산시키는 능력

□ 현장 적용 박스: 관리자 교육 체크 질문

· 지금 이 상황에서 멈출 근거는 무엇인가?

· 내가 망설이는 이유는 안전 때문인가, 외부 압력 때문인가?

· 이 판단을 법과 기준으로 설명할 수 있는가?

12-3. 제12장 요약

관리자의 판단은 개인적 결단이 아니라 **교육과 훈련으로 만들어지는 직무 역량**이다. 교육되지 않은 판단은 경험에 의존하고, 경험에 의존한 판단은 반복 사고를 만든다.

관리자 교육의 출발점은 단순하다. 관리자는 더 많은 정보를 아는 사람이 아니라, **멈춰야 할 순간을 먼저 알아보는 사람**이어야 한다.

다음 장에서는 이러한 판단 역량을 실제 현장에서 반복 가능하게 만드는 **판단 훈련 체계와 시나리오 기반 훈련**을 다룬다.

제13장

판단 훈련 체계와 시나리오 기반 훈련

관리자 교육이 지식 전달에 머무를 경우, 판단은 위기 상황에서 쉽게 무너진다. 실제 산업잠수 현장은 교과서적 조건과 거의 일치하지 않으며, 판단은 항상 불완전한 정보와 시간 압박 속에서 이루어진다. 따라서 관리자의 판단 능력은 강의실 교육만으로는 형성될 수 없고, **반복 훈련을 통해 체화**되어야 한다.

이 장은 관리자의 판단을 '아는 수준'에서 '즉시 실행할 수 있는 수준'으로 끌어올리기 위한 훈련 체계를 다룬다. 핵심은 사고를 재현하는 것이 아니라, **사고 이전의 애매한 구간을 반복적으로 경험하게 하는 것**이다.

13-1. 판단 훈련의 기본 원칙

판단 훈련은 기술 훈련과 목적이 다르다. 기술 훈련이 정확성을 높이는 데 목적이 있다면, 판단 훈련은 **시점을 앞당기는 데 목적**이 있다. 관리자가 언제 개입해야 하는지를 몸으로 익히지 못하면, 실제 현장에서는 항상 한 박자 늦는다.

판단 훈련은 다음 원칙을 따른다.

· 완전한 위험이 아니라 **불완전한 이상 상태**를 제시한다
· 정답을 알려 주기보다 **판단 시점 선택을** 요구한다

· 결과보다 **판단 과정과 근거를 평가**한다

이 원칙은 훈련 참가자가 '사고를 맞히는 사람'이 아니라 '멈출 줄 아는 관리자'로 성장하도록 설계된 것이다.

13-2. 시나리오 기반 훈련의 구성 요소

시나리오 기반 훈련은 실제 사고 사례와 유사한 조건을 단계적으로 제시한다. 그러나 사고 결과를 목표로 하지 않는다. 목표는 언제 관리자가 개입했는지를 확인하는 데 있다.

훈련 시나리오는 다음 요소를 포함해야 한다.

1. 점진적 이상 신호

공기공급의 미세한 변동, 통신 지연, 잠수사 반응 변화 등 즉각적인 중단을 망설이게 만드는 조건

2. 외부 압력 요소

작업 일정, 공정 지연, 발주처 요구 등 판단을 늦추는 상황 변수

3. 결정 지점 설정

관리자가 작업중지 또는 개입을 선택해야 하는 명확한 순간

4. 사후 설명 요구

왜 그 시점에 개입했는지를 법·기준에 근거해 설명하도록 요구

ㅁ 현장 적용 박스: 판단 훈련 설계 포인트
· 훈련에는 반드시 '망설이게 만드는 요소'를 포함한다
· 잠수사의 "괜찮다"는 응답을 기본 변수로 설정한다
· 중단 시점이 빠를수록 긍정 평가가 되도록 설계한다

13-3. 반복 훈련과 판단 자동화

판단은 반복될수록 빨라진다. 관리자가 여러 차례 유사한 시나리오를 경험하면, 위험 신호를 인지하는 속도와 개입 결정 시간이 단축된다. 이는 개인의 용기가 아니라 **훈련에 의해 형성된 반응 속도**다.

반복 훈련의 목적은 관리자가 '이번엔 괜찮을지도 모른다'는 생각을 하기 전에, **이미 손이 멈춤 버튼으로 가 있는 상태**를 만드는 것이다. 이 단계에 도달하면 판단은 더 이상 고민의 대상이 아니라, 직무 반사 행동에 가깝게 된다.

13-4. 제13장 요약

관리자의 판단은 위기 순간에 갑자기 발휘되지 않는다. 그것은 반복 훈련을 통해 미리 만들어진다. 시나리오 기반 훈련은 관리자를 사고 이후의 설명자가 아니라, 사고 이전의 개입자로 만든다.

판단 훈련의 목표는 하나다. **관리자가 멈춰야 할 순간을 남들보다 먼저 알아보게 만드는 것.**

13-5. 판단 훈련 시나리오 예시

다음 시나리오는 실제 산업잠수 현장에서 반복적으로 발생하는 상황을 단순화하여 구성한 교육용 사례이다. 모든 시나리오의 목적은 사고 결과를 예측하는 것이 아니라, **관리자가 언제 개입했는지를 점검하는 데** 있다.

시나리오 1. 공기공급 불안정 상황

잠수 시작 후 18분 경과 시점에서 공기공급 압력이 간헐적으로 변동한다. 수치는 정상 범위 내에 있으나 변동 폭이 커지고, 잠수사는 "호흡은 가능하다"고 보고한다. 작업 일정은 이미 지연된 상태다.

□ **교육 포인트**

· '정상 범위'라는 표현에 안심하지 않았는가

· 변동 자체를 위험 신호로 인식했는가

· 언제 작업중지를 결정했는가

시나리오 2. 통신 지연과 잠수사 반응 변화

통신이 끊기지는 않았으나 응답 간격이 점점 길어진다. 잠수사는 질문에 짧게 답하며 작업 지속 의사를 보인다. 주변 환경에는 즉각적인 위험 요소가 보이지 않는다.

□ **교육 포인트**

· 통신 품질 저하를 기술 문제로만 해석하지 않았는가

· 잠수사의 의사 표현을 판단 근거로 삼지 않았는가

· 개입 시점을 얼마나 앞당겼는가

시나리오 3. 외부 압력 동반 상황

발주처 관계자가 현장에 있으며, 작업 중단 시 일정 재조정이 필요하다. 동시에 공기공급과 통신에서 경미한 이상이 동시에 관찰된다.

□ **교육 포인트**

· 외부 압력이 판단에 영향을 주었는가

· 안전 외 요소를 판단 근거에서 배제했는가

· 판단 근거를 즉시 기록할 수 있었는가

※ 각 시나리오는 토론·기록·재판단 과정을 포함해 반복 수행하도록 설계한다.

다음 장에서는 이러한 훈련 결과를 조직 차원에서 유지·관리하기 위한 **평가·기록·피드백 체계**를 다룬다.

제14장

평가 · 기록 · 피드백 체계

판단은 남겨질 때 비로소 보호된다

관리자의 판단은 실행되는 순간만큼이나, **어떻게 기록되고 평가되며 조직 안에 남는가**에 따라 그 가치와 의미가 완전히 달라진다. 판단은 그 자체로 중요한 행위이지만, 기록되지 않은 판단은 시간이 지나면 개인의 기억 속에서 희미해지고, 조직 차원에서는 존재하지 않았던 일처럼 취급되기 쉽다. 이러한 현장에서는 설령 옳은 판단이 내려졌더라도 그것은 체계적인 판단으로 인정받지 못하고, 개인의 우연이나 운, 혹은 경험에 의존한 결과로 축소된다.

반대로 관리자의 판단이 명확한 기록으로 남고, 그 판단이 평가와 공유의 과정을 거치는 조직에서는 작업중지와 조기 개입이 예외적 사건이 아니라 자연스러운 운영 절차로 자리 잡는다. 기록은 단순한 문서가 아니라, '이 판단이 왜 필요했는지'를 설명하는 근거이며, 다음 판단을 위한 기준점이 된다. 이러한 구조 속에서 관리자는 혼자 결정을 떠안는 존재가 아니라, 조직의 기준과 제도 속에서 판단을 실행하는 역할을 수행하게 된다.

이 장은 관리자 개인의 판단을 일회성 선택으로 남기지 않고, **조직의 자산이자 보호 장치로 전환하기 위한 평가 · 기록 · 피드백 체계**를 다룬다. 여기서의 목적은 관리자를 감시하거나 통제하기 위함이 아니다. 오히려 판단이 사후적으로 왜곡되거나 개인 책임으로 전가되지 않도록, 판단 당시의 맥락과 근거를 온전히 남기고 재현 가능하게 만드는 구조를 구축하는 데 있다. 판단이 남을 때, 그리고 그 판단이 이해될 때, 비로소 관리자는 안전하게 멈출 수 있고 그 선택은 보호받을 수 있다.

14-1. 평가의 대상은 결과가 아니라 판단 과정이다

산업잠수 현장에서 평가는 종종 결과 중심으로 이루어진다. 사고가 발생하지 않으면 판단은 문제 삼지 않고, 사고가 발생하면 사후적으로 판단을 되짚는다. 그러나 이러한 평가 방식은 관리자를 위험한 선택으로 몰아간다.

판단 평가의 기준은 사고 발생 여부가 아니라, 다음 세 가지 질문이어야 한다.

· 위험 신호를 인지할 수 있었는가
· 그 신호 앞에서 개입 여부를 판단했는가
· 판단 근거를 설명할 수 있는가

이 기준에 따라 평가가 이루어질 때, 관리자는 사고를 피하기 위해 기다리는 사람이 아니라, 위험을 줄이기 위해 먼저 개입하는 사람이 된다.

14-2. 기록은 사고 이후를 위한 문서가 아니다

기록은 사고 발생 시 책임을 남기기 위한 도구가 아니다. 기록의 본질은 **판단 당시의 맥락을 보존하는 것**이다. 언제, 어떤 신호를 보고, 왜 그 시점에 개입했는지가 남아 있을 때, 그 판단은 사후적으로 보호될 수 있다.

효과적인 판단 기록은 복잡할 필요가 없다. 다음 세 가지 요소만 충족하면 된다.

1. 관찰된 위험 신호
2. 판단 시점과 선택 내용
3. 판단 근거(법·기준·현장 상황)

현장 적용 박스: 최소 판단 기록 양식

· 시간/작업 단계
· 관찰된 이상 신호
· 관리자의 판단 내용(계속 · 중단 · 인양)
· 판단 근거 한 문장

14-3. 피드백은 판단을 고정하는 마지막 단계다

훈련과 기록이 있어도, 피드백이 없으면 판단은 개인 경험으로 다시 흩어진다. 피드백의 목적은 잘잘못을 가리는 것이 아니라, **판단 기준을 조직 내부에서 합의하는 것**이다.

정기적인 판단 리뷰, 시나리오 재검토, 작업중지 사례 공유는 관리자들이 같은 기준으로 사고하도록 만든다. 이 과정에서 작업중지는 예외가 아니라 학습 사례가 된다.

14-4. 제14장 요약

관리자의 판단은 실행되는 순간만으로 완성되지 않는다. 그 판단이 평가되고 기록되며 공유될 때, 비로소 조직의 기준으로 남는다.

평가 · 기록 · 피드백 체계는 관리자를 옭아매는 장치가 아니라, **관리자가 멈출 수 있도록 보호하는 구조**다. 이 체계가 작동할 때, 산업잠수 현장의 안전은 개인의 용기가 아니라 조직의 시스템에 의해 유지된다.

요약 및 현장 적용 선언문

관리자 교육 · 훈련 · 체계의 핵심 선언

산업잠수 현장의 안전은 개인의 경험이나 순간적인 용기에 의해 유지될 수 없다. 안전은 판단을 개인에게 맡기지 않고, **교육 · 훈련 · 기록이라는 체계로 고정할 때** 비로소 지속된다. Part 3에서 제시한 관리자 교육 · 훈련 · 체계는 관리자를 통제하기 위한 장치가 아니라, 관리자가 현장에서 멈출 수 있도록 뒷받침하는 구조다.

핵심 정리

- 판단은 타고나는 능력이 아니라 **교육되어야 할 직무 역량**이다.
- 판단은 강의가 아니라 **반복 훈련을 통해 체화**된다.
- 판단은 실행 후 **기록 · 평가 · 피드백을 통해 보호**된다.
- 작업중지는 실패가 아니라 **정상적인 관리 판단**이다.

현장 적용 선언

관리자는 작업을 계속시키는 사람이 아니라,

계속해도 안전한지 판단하고 멈출 책임을 지는 최종 판단자다.

멈춘 판단은 보호받아야 하며, 미룬 판단은 기록으로 남아야 한다.

현장 관리자 행동 기준(암기용)

· 위험 신호는 확정되기 전에 다룬다

· 판단은 결과가 아니라 시점으로 평가한다

· 기록은 사고 이후가 아니라 판단 당시 남긴다

· 훈련되지 않은 판단은 현장에서 반복하지 않는다

※ 본 선언문은 관리자 교육 교재, 컨트롤룸 게시, 현장 브리핑 자료로 그대로 활용 가능하다.

산업잠수 관련 법규 · 기준 정리

이 부록은 본문에서 반복적으로 언급된 **법 · 기준 · 지침**을 한곳에 정리하여, 현장 관리자와 감독 · 감리자가 즉시 참고할 수 있도록 구성되었다. 본 부록의 목적은 법 조항을 나열하는 것이 아니라, **관리자의 판단이 어떤 법적 · 제도적 근거 위에서 보호되는지**를 명확히 보여 주는 데 있다.

부록 A. 국내 산업잠수 관련 법규

A-1. 산업안전보건법(요지)

산업안전보건법은 사업주와 관리감독자에게 작업자의 안전과 건강을 보호할 **예방 의무**를 부과한다. 특히 위험이 예상되는 경우 작업을 중지시키고 필요한 조치를 할 책임이 명시되어 있으며, 이는 산업잠수 관리자에게도 그대로 적용된다.

- 위험 발생 또는 우려 시 **작업중지 및 대피 조치 의무**
- 관리감독자의 **현장 조치 권한과 책임**
- 작업자의 안전을 이유로 한 작업중지에 대한 **불이익 금지 원칙**

※ 본 법은 관리자의 작업중지 판단을 제한하는 법이 아니라, **그 판단을 요구하고 보호하는 법**이다.

A-1-1. 산업안전보건법 제43조(유해 · 위험 방지 조치)

사업주는 근로자에게 유해하거나 위험한 작업을 하게 할 때에는 그 위험을 방지하기 위하여 필요한 조치를 하여야 한다. 이 조항은 사고 발생 이후의 조치가 아니라, **위험이 예견되는 단계에서의 예방 조치 의무**를 명확히 한다.

→ 산업잠수 현장 적용 해석

관리자는 공기공급 이상, 통신 장애, 잠수사 반응 변화 등 유해 · 위험 요인이 관찰되는 순간, 작업 지속 여부를 재검토하고 필요한 경우 즉시 중단 조치를 취해야 할 법적 근거를 가진다.

A-1-2. 산업안전보건법 제45조(위험 작업의 중지)

급박한 위험이 있을 때에는 사업주 또는 관리감독자는 해당 작업을 중지시키고 근로자를 대피시키는 등 필요한 조치를 하여야 한다. 이는 선택적 권한이 아니라 **즉시 이행해야 할 의무 규정**이다.

→ 산업잠수 현장 적용 해석

관리자가 잠수 중 위험 신호를 인지했음에도 작업을 계속하게 하는 것은 법 취지에 부합하지 않는다. 작업중지는 과잉 대응이 아니라, 법이 요구하는 정상적 관리 행위다.

A-1-3. 산업안전보건법 제46조(작업중지 해제)

작업중지 조치는 위험 요인이 제거되기 전까지 유지되어야 하며, 그 해제 또한 안전이 확보되었음을 확인한 이후에만 가능하다. 이는 작업 재개 역시 **관리자의 판단 책임 영역**임을 의미한다.

→ 산업잠수 현장 적용 해석

잠수 작업의 재개 여부는 일정이나 외부 요구가 아니라, 공기공급·통신·잠수사 상태가 정상화되었는지를 기준으로 판단되어야 한다.

A-1-4. 산업안전보건법 제47조(작업중지에 따른 불이익 금지)

근로자가 안전상의 이유로 작업을 중지하거나 대피한 경우, 사업주는 이를 이유로 불리한 처우를 하여서는 아니 된다. 이 조항은 **안전 판단을 보호하기 위한 핵심 규정**이다.

→ 산업잠수 현장 적용 해석

잠수사 또는 관리자의 작업중지 판단은 징계나 불이익의 대상이 될 수 없으며, 오히려 보호받아야 할 합법적 행위다.

A-2. 산업안전보건법 시행령·시행규칙(잠수작업 관련)

시행령 및 시행규칙에서는 잠수작업과 같은 고위험 작업에 대해 다음 사항을 요구한다.

· 작업 전 위험성 평가 실시
· 작업 중 이상 발생 시 즉각적인 조치 체계 확보
· 작업 책임자 및 관리자의 명확한 지정

이는 관리자가 잠수사의 상태, 공기공급, 통신 이상을 인지했을 때 **즉시 개입해야 할 법적 근거**로 작동한다.

부록 B. 국제 기준(IMCA · OSHA)

B-1. IMCA(International Marine Contractors Association)

IMCA는 산업잠수 현장에서 감독자(Supervisor)의 역할을 다음과 같이 규정한다.

· 잠수 중 **안전 판단의 최종 책임자**
· 위험 신호 발생 시 **즉각적 중단 권한 및 의무**
· 잠수사의 의사와 무관하게 작업을 중지시킬 수 있는 권한

IMCA 기준에서 작업중지는 예외적 조치가 아니라, **정상적인 감독 행위**로 간주된다.

B-2. OSHA(미국 산업안전보건청)

OSHA 기준은 고위험 작업에서 다음 원칙을 강조한다.

· 작업자는 위험하다고 판단될 경우 작업을 거부할 권리가 있다
· 관리자는 위험을 인지했을 경우 **즉각적인 시정 또는 중단 조치**를 해야 한다
· 관리자의 조기 개입 실패는 관리 책임으로 해석된다

OSHA는 결과보다 **사전 개입 여부**를 중시하며, 이는 관리자 판단 보호 논리의 핵심 근거가 된다.

부록 C. 법 · 기준과 관리자 판단의 연결 정리

C-1. 작업중지 판단의 법적 정당성

· 국내법: 산업안전보건법 → 예방 원칙, 작업중지 의무

· IMCA: Supervisor의 안전 우선 판단 원칙

· OSHA: 조기 개입 및 위험 제거 의무

→ 세 기준 모두 **"멈춘 판단은 정당하며 보호받는다"**는 동일한 결론에 도달한다.

C-2. 감독 · 감리 대응용 핵심 문장

관리자의 작업중지 판단은 개인적 결단이 아니라,

산업안전보건법과 국제 기준이 요구하는 예방 조치입니다.

본 현장의 중단 결정은 사고 이후 책임 회피가 아니라,

사고 이전 예방 조치로서 시행되었습니다.

부록 D. 현장 활용 가이드

· 본 부록은 컨트롤룸, 안전관리실, 교육자료로 분리 사용 가능
· 감독·감리 요청 시 **판단 근거 자료**로 즉시 제출 가능
· 본문과 상호 참조하도록 설계됨

부록 요약 한 문장

법과 기준은 관리자를 처벌하기 위해 존재하는 것이 아니라,

관리자가 멈출 수 있도록 지지하기 위해 존재한다.

관리자는 잠수사를 물에 보내는 마지막 사람이다

부록 E. 산업안전보건법 주요 조문 발췌(법규 원문 중심)

※ 본 항은 해석이나 적용 설명을 배제하고, **법규 조문 요지**만을 정리한다. 출판용 참고·인용 및 감독·감리 대응 시 원문 확인을 전제로 한다.

E-1. 산업안전보건법 제43조(유해·위험 방지 조치)

사업주는 근로자에게 유해하거나 위험한 작업을 하게 할 때에는 그 위험을 방지하기 위하여 필요한 조치를 하여야 한다.

E-2. 산업안전보건법 제45조(작업중지)

급박한 위험이 있을 때에는 사업주 또는 관리감독자는 해당 작업을 중지시키고 근로자를 대피시키는 등 필요한 조치를 하여야 한다.

E-3. 산업안전보건법 제46조(작업중지 해제)

작업중지 조치는 위험 요인이 제거될 때까지 유지하여야 하며, 안전이 확보되었음을 확인한 후에 해제할 수 있다.

E-4. 산업안전보건법 제47조(불이익 처우의 금지)

근로자가 산업재해 발생의 위험이 있다고 판단하여 작업을 중지하거나 대피한 경우, 이를 이유로 불리한 처우를 하여서는 아니 된다.

부록 F. 산업안전보건법 시행령·시행규칙 주요 조문 발췌

※ 본 항은 **산업안전보건법 시행령 제28조~제35조**를 출판용 부록에 그대로 수록할 수 있도록 **'조문 박스' 형식**으로 정리한 것이다. 해석·요약을 포함하지 않으며, 법제처 국가법령정보센터 공포문 기준 확인을 전제로 한다.

【조문 박스】산업안전보건법 시행령 제28조

제28조(안전관리전문기관 등의 지정 취소 등의 사유)

① 「법」 제21조제4항제5호에서 "대통령령으로 정하는 사유에 해당하는 경우"란 다음 각 호의 어느 하나에 해당하는 경우를 말한다.

1. 안전관리 또는 보건관리 업무 관련 서류를 거짓으로 작성한 경우
2. 정당한 사유 없이 안전관리 또는 보건관리 업무의 수탁을 거부한 경우
3. 「법」 제21조제1항 또는 제2항에 따른 안전관리전문기관 또는 보건관리전문기관의 지정 요건을 위반한 경우
4. 「법」 제21조제1항 또는 제2항에 따른 안전관리전문기관 또는 보건관리전문기관의 업무를 부적정하게 수행한 경우

② 대통령령으로 정하는 바에 따라 지정의 취소·정지 또는 그 밖의 필요한 조치를 할 수 있다.

【조문 박스】산업안전보건법 시행령 제29조

제29조(산업보건의의 선임 등)

① 사업주는 산업보건의(의사 면허를 가진 사람으로서 보건관리업무를 수행할 자격이 있는 자)를 근로자의 건강 보호를 위하여 선임하거나 위촉하여야 한다.

② 산업보건의의 선임·위촉과 관련된 사항은 고용노동부령으로 정한다.

【조문 박스】산업안전보건법 시행령 제30조

제30조(산업보건의의 자격)

산업보건의가 되기 위한 자격 요건, 시험, 인정 등에 관한 사항은 고용노동부령으로 정한다.

【조문 박스】산업안전보건법 시행령 제31조

제31조(산업보건의의 직무 등)

산업보건의는 사업장에서 근로자의 건강을 보호하기 위한 진료, 건강상담, 건강진단 조치, 건강 교육 및 그 밖에 보건에 관한 업무를 수행하여야 한다. 그 세부 사항은 고용노동부령으로 정한다.

【조문 박스】산업안전보건법 시행령 제32조

제32조(명예산업안전감독관 위촉 등)

① 사업주는 산업현장의 안전보건 활동을 촉진하기 위하여 명예산업안전감독관을 위촉할 수 있다.
② 명예산업안전감독관의 자격, 업무, 보수 및 복무 등에 관한 사항은 고용노동부령으로 정한다.

【조문 박스】산업안전보건법 시행령 제33조

제33조(명예산업안전감독관의 해촉)

명예산업안전감독관이 직무를 수행할 수 없거나 그 지위에 적합하지 아니한 사유가 발생한 경우에는 이를 해촉하여야 한다.

【조문 박스】산업안전보건법 시행령 제34조

제34조(산업안전보건위원회 구성 대상)

① 산업안전보건위원회는 다음 각 호의 어느 하나에 해당하는 사업장에 설치한다.

    1. 상시근로자 50명 이상인 사업장

    2. 대통령령으로 정하는 규모 이상의 사업장

【조문 박스】산업안전보건법 시행령 제35조

제35조(산업안전보건위원회의 구성)

① 산업안전보건위원회는 사용자측 위원과 근로자측 위원으로 구성한다.

② 산업안전보건위원회의 위원 수, 대표자 선정 등에 필요한 사항은 고용노동부령으로 정한다.

　　　　　　　　　　관리자는 잠수사를 물에 보내는 마지막 사람이다

부록 G. 산업안전보건법 시행규칙 주요 조문

※ 본 항은 **산업안전보건법 시행규칙 중 잠수작업·고위험 작업 관리와 직접 연관된 조문을 원문 그대로 발췌**한 것이다. 해석이나 요약을 포함하지 않는다.

【조문 박스】산업안전보건법 시행규칙 제98조

제98조(작업중지 시의 조치)

사업주 또는 관리감독자는 산업안전보건법 제45조에 따라 작업을 중지시킨 경우에는 해당 작업 장소에 출입을 제한하고, 위험이 제거되기 전까지 작업을 재개하여서는 아니 된다.

【조문 박스】산업안전보건법 시행규칙 제117조

제117조(유해·위험 작업의 관리)

사업주는 유해하거나 위험한 작업을 수행하는 경우 해당 작업에 종사하는 근로자의 안전과 건강을 확보하기 위하여 작업 방법, 작업 순서 및 비상조치에 관한 사항을 포함한 안전·보건 조치를 마련하여야 한다.

부록 H. 고용노동부 고시(잠수 · 수중작업 관련)

※ 본 항은 고용노동부 고시 중 **잠수 · 수중작업에 적용되는 안전관리 원칙**을 발췌한다.

H-1. 유해 · 위험작업의 안전보건관리 기준(고시)

사업주는 유해하거나 위험한 작업을 수행하는 경우, 해당 작업의 특성에 맞는 안전관리 기준과 비상조치 계획을 수립 · 이행하여야 한다.

H-2. 위험성 평가에 관한 지침(고시)

위험성 평가는 작업 전뿐 아니라 작업 중에도 지속적으로 재검토되어야 하며, 위험이 증가한 경우 즉시 작업을 중지하고 개선 조치를 하여야 한다.

　관리자는 잠수사를 물에 보내는 마지막 사람이다

부록 I. 국제 기준 원문 발취(IMCA · OSHA)

※ 본 항은 국제 기준 중 **관리자 판단 · 작업중지와 직접 연관된 핵심 문구 요지**만을 발췌한다.

I-1. IMCA(International Marine Contractors Association)

잠수 작업의 감독자는 잠수사의 안전을 최우선으로 고려하여 작업을 중단하거나 변경할 권한과 책임을 가진다.

I-2. OSHA(미국 산업안전보건청)

관리자는 근로자의 안전에 대한 위험을 인지한 경우, 즉각적으로 위험을 제거하거나 작업을 중지시키는 조치를 취하여야 한다.

부록 J. 산업안전보건기준에 관한 규칙

제6장 이상기압에 의한 건강장애 예방(산업잠수 관련 조문)

※ 본 항은 「산업안전보건기준에 관한 규칙」 **제6장 '이상기압에 의한 건강장애 예방'**을 체계적으로 이해할 수 있도록 **절(節) 구조에 맞추어 정리**한 것이다. 모든 조문은 **원문 그대로** 수록하며, 해석·요약은 포함하지 않는다.

제1절 통칙

【조문 박스】제522조(정의)

이 장에서 사용하는 용어의 뜻은 다음과 같다. 3. "잠수작업"이란 물속에서 하는 다음 각 목의 작업을 말한다. 가. 표면공급식 잠수작업: 수면 위의 공기압축기 또는 호흡용 기체통에서 압축된 호흡용 기체를 공급받으면서 하는 작업 나. 스쿠버 잠수작업: 호흡용 기체통을 휴대하고 하는 작업 4. "기압조절실"이란 고압작업자 또는 잠수작업자가 가압 또는 감압을 받는 장소를 말한다. 6. "비상기체통"이란 주된 기체공급 장치가 고장난 경우 잠수작업자가 안전한 지역으로 대피하기 위하여 필요한 충분한 양의 호흡용 기체를 저장하고 있는 압력용기 및 부속장치를 말한다.

제2절 설비 등

【조문 박스】제525조(공기청정장치)

① 사업주는 공기압축기에서 작업실, 기압조절실 또는 잠수작업자에게 공기를 보내는 송기관의 중간에 공기를 청정하게 하기 위한 공기청정장치를 설치하여야 한다. ② 제1항의 공기청정장치의 성능은 「산업표준화법」에 따른 단체표준에 적합하여야 한다.

   관리자는 잠수사를 물에 보내는 마지막 사람이다

【조문 박스】 제527조(압력계)

① 사업주는 작업실 공기 공급 밸브에 압력계를 설치하여야 한다. ② 잠수작업자에게 압축기체를 보내는 경우에도 압력계를 설치하여야 한다.

【조문 박스】 제528조(자동경보장치 등)

① 사업주는 공기압축기에 이상이 발생한 경우 이를 즉시 알 수 있도록 자동경보장치를 설치하여야 한다. ② 사업주는 기압조절실 내부를 외부에서 관찰할 수 있는 설비를 갖추어야 한다.

제3절 작업방법 등

【조문 박스】 제529조(공기공급의 유지)

사업주는 잠수작업 중 잠수작업자에게 공급되는 호흡용 기체가 중단되지 아니하도록 필요한 조치를 하여야 한다.

【조문 박스】 제530조(비상기체통의 비치)

사업주는 잠수작업자가 주된 공기공급이 중단되는 경우에 대비하여 비상기체통을 갖추도록 하여야 한다.

【조문 박스】 제531조(잠수작업자의 감시)

사업주는 잠수작업 중 잠수작업자의 상태를 지속적으로 확인할 수 있도록 필요한 인원을 배치하여야 한다.

【조문 박스】 제532조(통신의 유지)

사업주는 잠수작업 중 잠수작업자와 수면 사이의 통신이 유지되도록 필요한 설비와 조치를 하여야 한다.

【조문 박스】제533조(비상 시의 조치)

사업주는 잠수작업 중 사고 또는 이상이 발생한 경우 즉시 잠수작업자를 안전한 장소로 인양하거나 필요한 조치를 하여야 한다.

【조문 박스】제534조(감압 및 재가압)

사업주는 잠수작업 후 잠수작업자에게 적절한 감압을 실시하여야 하며, 이상기압에 따른 건강장해가 우려되는 경우에는 재가압 조치를 할 수 있도록 하여야 한다.

【조문 박스】제535조(잠수작업의 제한)

사업주는 잠수작업자의 신체 상태, 작업 환경 또는 설비 상태가 안전하지 아니하다고 판단되는 경우 잠수작업을 제한하거나 중지하여야 한다.

제4절 관리 등

【조문 박스】제536조의2(잠수작업 기록)

사업주는 잠수작업을 하는 경우 잠수작업자의 성명, 잠수시간, 수심, 사용한 호흡용 기체의 종류 및 그 밖에 필요한 사항을 기록하고 이를 보존하여야 한다.

※ 제6장 제1절~제4절은 **잠수작업 정의 → 설비 기준 → 작업 수행 → 기록·관리**의 흐름으로 구성되어 있으며, 본 부록은 산업잠수 현장에서 실제로 요구되는 핵심 조문만을 선별하여 수록하였다.

     관리자는 잠수사를 물에 보내는 마지막 사람이다

부록 K. 고기압 작업에 관한 기준(고용노동부 고시)

제1조~제8조 및 관련 별표(원문 발췌)

※ 본 항은 고용노동부 고시 「고기압 작업에 관한 기준」 중 **산업잠수 · 고압작업에 직접 적용되는 제1조부터 제8조 및 관련 별표를 원문 그대로 수록**한다. 해석 · 요약은 포함하지 않는다.

【조문 박스】제1조(목적)

이 기준은 「산업안전보건법」 제46조, 같은 법 시행령 제32조의8제2항 및 「산업안전보건기준에 관한 규칙」 제533조 · 제537조 · 제556조 및 제557조에 따라 고압 실내 작업 · 잠수작업에 대한 작업시간, 감압의 속도, 부상의 속도 등에 관한 안전 · 보건 기준을 정함을 목적으로 한다.

【조문 박스】제2조(정의)

① 이 기준에서 사용하는 용어의 뜻은 다음과 같다.

1. "고압시간"이란 고압 실내 작업이 가압을 시작한 때부터 감압을 시작한 때까지의 시간을 말한다.
2. "잠수시간"이란 잠수작업이 착수한 때부터 상승을 시작한 때까지의 시간을 말한다.
3. "작업간 체내 기체압 저감시간"이란 근로자가 하루에 2회 이상 고압 실내 작업 또는 잠수작업을 하는 경우에 그 사이에 체내 기체압을 저감시키는 데 필요한 시간을 말한다.
4. "작업 후 체내 기체압 저감시간"이란 근로자가 고압 실내 작업 또는 잠수작업을 완료한 후 체내 기체압을 저감시키는 데 필요한 시간을 말한다.

【조문 박스】제3조(고압시간)

① 사업주는 근로자가 수행하는 고압 실내 작업의 총 고압시간이 하루에 6시간을 초과하지 아니하도록 하여야 한다. ② 고압 실내 작업이 하루 2회를 초과하지 아니하거나 또는 실내 압력이 매제곱센티미터당 4킬로그램 이하인 경우에는 별표 1에 따른 시간을 초과하지 아니하여야 한다. ③ 그 밖의 경우에는 별표 2에 따른 시간을 초과하지 아니하여야 한다.

【조문 박스】제4조(작업간 체내 기체압 저감시간)

① 사업주는 근로자가 하루에 2회 이상 고압 실내 작업을 하는 경우에는 제3조 각 호의 별표 1·별표 2에 따라 정한 작업시간을 초과하지 아니하도록 하고, 그 사이에 체내 기체압 저감시간을 확보하여야 한다. ② 작업 후에는 근로자를 작업 후 체내 기체압 저감시간 이상 감압시키고 그 기간 동안 지나친 노동에 종사하게 하여서는 아니 된다.

【조문 박스】제5조(잠수시간)

① 사업주는 근로자가 수행하는 잠수작업시간이 하루 6시간을 초과하지 아니하도록 하여야 한다. ② 잠수작업이 하루 2회를 초과하지 아니하거나 또는 잠수작업이 수심 등 조건에 따라 별표에 정한 경우에는 그 별표에 따른 시간을 초과하지 아니하여야 한다.

【조문 박스】제6조(작업간 체내 기체압 저감시간)

① 사업주는 근로자가 잠수작업을 하루에 2회 이상 하는 경우에는 잠수작업 간 체내 기체압 저감시간을 확보하여야 한다. ② 작업 후에는 잠수작업 후 체내 기체압 저감시간 이상 해당 근로자를 후기 감압 상태로 두고, 지나친 노동에 종사하게 하여서는 아니 된다.

【조문 박스】제7조(감압의 속도)

① 고압 실내 작업 또는 잠수작업 중 감압의 속도는 매제곱센티미터당 0.8킬로그램을 초과하지 아니하도록 하여야 한다. ② 감압할 때에는 별표 등 기준에 따라 감압 정지를 두어야 한다.

【조문 박스】제8조(부상의 속도)

① 잠수작업에서의 부상의 속도는 분당 상승 10미터를 초과하지 아니하도록 하여야 한다. ② 상승할 때에도 별표 등에 따른 감압 정지를 준수하여야 한다.

【별표】(발췌)

별표 1·별표 2 및 잠수조건별 시간표는 고기압 실내 작업 및 잠수작업의 압력·수심·시간에 따른 허용 기준을 정한 표로서, 본 기준의 일부를 구성한다.

　　　　관리자는 잠수사를 물에 보내는 마지막 사람이다

잠수기(자율안전확인)의 성능기준(제10조 관련)

재료

잠수기에 사용되는 재료는 다음 요건에 적합하여야 한다.

1) 기계적 성질과 강도가 설계 및 사용조건에 적합할 것
2) 쉽게 부식되지 않고 비전도성일 것
3) 피부 및 호흡용 기체와 직접 접촉하는 부분에 사용하는 재료는 피부 가려움증 등의 부작용을
   발생시키지 아니할 것

설계요건

가. 잠수기에는 잠수사 또는 지상 조작자에게 위험을 초래할 수 있는 날카로운 부위 또는 돌출
   부가 없어야 한다.
나. 잠수기의 호흡조절장치 및 잠수조정장치는 잠수사 또는 지상 조작자가 장갑을 낀 상태에서도
   조절이 가능하여야 하며 설정된 값은 조절장치를 사용하지 않고서는 변경되지 않아야 한다.
다. 잠수기에는 주 기체공급원의 고장, 생명줄의 절단 등에 대비하여 비상 기체공급 장치가 설
   계되어 있어야 하며, 이 장치는 불시에 작동되지 않는 구조이어야 한다.
라. 잠수기는 분당 127리터 이상의 환기율과 분당 1.6리터 이상의 비율로 이산화탄소를 배출할
   수 있어야 하며, 이산화탄소의 분압은 제곱센티미터당 20그램 미만을 흡입할 수 있도록 설

계되어야 한다.

마. 잠수기는 침, 물의 유입 또는 응축 등으로 인하여 장비착용에 나쁜 영향을 미치지 않는 구조로 설계되어야 한다.

머리보호

머리보호는 잠수헬멧 또는 잠수마스크에 따라 다음 각 목과 같이 분류한다.

가. H등급: 별표 1의 제3호(안전모 충격흡수성 시험)에 따른다.

나. L등급: 머리보호 기능이 없음을 제품에 명확하게 표시하여야 한다.

본체구조

가. 잠수기에는 다음 요건을 만족하는 주 기체연결구(역지밸브를 포함한다), 비상기체연결구, 환기밸브 및 저압기체연결구 등이 부착된 측면부품대(Side block assemble)를 설치하여야 한다.

   1) 주 기체연결구에는 역지밸브가 달려 있어야 하며, 주 기체공급원의 고장, 생명줄의 절단 등이 발생했을 때 잠수기에 공급되는 기체가 압착 또는 역류하지 않는 구조일 것

   2) 비상기체연결구는 주 기체공급원의 고장, 생명줄의 절단 등이 발생했을 때 즉시 비상기체밸브를 작동시킬 수 있는 구조일 것

   3) 환기밸브는 이산화탄소의 환기, 안면창의 김서림 방지 및 유입된 물을 배출시킬 수 있도록 다량의 기체가 나오는 구조일 것

   4) 저압기체연결구는 건식잠수복을 착용할 경우 건식잠수복의 저압호스를 연결할 수 있는 구조일 것

나. 잠수기 내부에는 코와 입으로 호흡을 할 수 있도록 호흡조절 장치와 연결되는 별도의 마스크(Oral-nasal mask)가 설치되어야 한다.

다. 잠수기에는 압력균형을 위해 콧구멍을 막아 주는 V자 모양의 압력균형 장치가 설치되어야

       관리자는 잠수사를 물에 보내는 마지막 사람이다

한다. 이 경우 잠수기 외부에는 수평의 손잡이가 있어야 하고, 내부에는 부드러운 합성고무가 콧구멍을 막는 구조이어야 한다.

라. 잠수기 내부에는 지상의 조작자와 음성통화를 할 수 있도록 입 주위에 마이크로폰과 귀 양쪽에 이어폰의 연결구가 설치되어 있어야 한다. 이 경우 마이크로폰과 이어폰은 방수기능을 가진 것이어야 한다.

마. 잠수기에는 환기밸브를 작용하였을 때 불필요한 기체, 물 등을 배출시킬 수 있도록 잠수기 아래쪽에 배출장치를 설치하여야 한다.

바. 잠수기 본체에 설치되는 안면창은 다음 요건에 적합하여야 한다.

   1) 견고하고 신뢰성 있는 방식으로 부착되고 적절한 기계적 강도를 가질 것

   2) 공기 중 또는 수중에서 사물에 왜곡이 발생하지 않을 것

   3) 안면창을 통한 빛 투과율은 자연상태의 40퍼센트 이상일 것

압력부품 및 연결구

가. 압력이 작용하는 금속재질의 튜브, 밸브 및 커플링 등의 부품은 정격압력의 150퍼센트에서 견딜 수 있어야 한다.

나. 압력이 작용하는 비금속재질의 튜브, 밸브 및 커플링 등의 부품은 정격압력의 200퍼센트에서 견딜 수 있어야 한다.

생명줄 및 호스

가. 기체공급호스는 다음 요건에 적합하여야 한다.

   1) 잠수조정장치에서 잠수헬멧 또는 잠수마스크까지 연결되는 기체공급호스는 저압용 호스로서 최고사용압력이 제곱센티미터당 56킬로그램 미만이고, 중간 이음새 부분이 없을 것

   2) 저압용 호스의 강도는 기체공급원과 동일한 사용압력을 가져야 하며, 최고 강도는 상용압력의 4배 이상일 것

   3) 기체공급호스는 잠수작업의 전용 호스로서 「산업표준화법」에 따른 한국산업규격인 잠수

용 고무호스 기준 이상일 것

4) 중압 및 고압용 호스는 압력이 작용되지 않는 상태에서 1,000뉴턴의 정하중을 10초에서 15초 동안 가했을 때 파열, 누설 또는 이상이 발생되지 않을 것

5) 모든 기체공급호스는 180도 구부린 상태에서 8시간이 경과한 경우에도 파열, 누설 또는 이상이 발생되지 않을 것

6) 모든 기체공급호스는 꼬임(Kink)이 없을 것

7) 모든 기체공급호스는 정격압력을 가한 경우 누설이 생기지 않아야 하며, 정격작업하중의 4배를 20초 동안 가한 경우에도 파열되지 않을 것

8) 중압용 호스는 안전밸브 작동압력의 2배 또는 3메가파스칼 중 높은 압력을 작용시킨 경우 누설이 없어야 하며, 정격하중의 4배 또는 10메가파스칼 중 높은 압력을 20초 동안 작용시킨 경우 파열되지 않을 것

9) 기체공급호스(부착푸품 포함)는 길이 10미터당 20뉴턴 이하의 음성 부력 또는 10뉴턴 이하의 양성부력을 가질 것

10) 기체공급호스는 변형이 발생되지 않도록 감아 두는 장치와 사용 중 탈락되는 것을 방지하기 위해 고정시켜 주는 장치를 구비할 것

나. 수심측정호스는 다음 요건에 적합하여야 한다.

1) 생명줄에 조합되어 있는 수심측정호스는 잠수조정장치의 수심계와 연결되는 구조일 것

2) 지상의 잠수조정장치에 부착된 수심확인용 밸브를 작동하였을 때 수심계의 바늘이 움직이거나 또는 디지털 숫자판이 작동되어 잠수사의 수심을 확인할 수 있을 것

3) 기체공급호스 파열 시 비상기체 공급용으로 상용할 수 있도록 견고하고 유연한 재질일 것

4) 잠수사 쪽의 호스 끝단에서 제곱센티미터당 2킬로그램의 압력을 가하여 1분간 유지하는 동안 누설되지 않을 것

다. 통화용 전선은 다음 요건에 적합하여야 한다.

1) 통화용 전선은 두껍고 유연한 재질의 피복으로 보호되어 있을 것

2) 통화용 전선의 한쪽은 지상의 통화장치에 연결되고 다른 한쪽은 잠수헬멧 또는 잠수마스크의 마이크로폰과 이어폰에 연결할 수 있는 구조일 것

3) 통화용 전선의 비폭은 방수기능이 상실되거나 마모, 절단, 찢어짐 등이 없을 것

     관리자는 잠수사를 물에 보내는 마지막 사람이다

잠수조정장치

가. 잠수조정장치의 조정판에는 잠수사의 수심계, 주기체공급 연결구, 비상기체공급 연결구, 압력조절기 및 압력계 등이 설치되어야 한다.

나. 조정판에는 사용하지 않는 연결구 등은 끝단을 막을 수 있는 보호마개가 설치되어야 한다.

다. 모든 인입구 및 출구에는 사용 용도를 명확하게 표시하여야 한다.

라. 조정판의 기체공급장치는 다음 사항을 만족하여야 한다.

    1) 해당 잠수사에게 기체공급호스가 끊어진 경우에도 다른 잠수사의 기체공급에 지장이 없을 것

    2) 조정판에는 잠수사 각각에 대하여 독립적으로 호흡용 기체가 공급되도록 하고, 인입구 압력계 및 잠수사용 공급압력계와 수심계를 설치할 것

    3) 조정판에는 최소 2개 이상의 인입구를 설치하여 하나의 공급장치에 이상이 발생한 경우 다른 공급장치로 자동적으로 전환될 수 있도록 할 것

    4) 산소농도 21퍼센트 이상의 기체 인입연결구는 공기를 공급하는 선과 별도로 분리되어 서로 혼합되지 않도록 할 것

    5) 공기 이외의 호흡용 혼합기체를 공급하는 장치에는 잠수사에게 공급되는 산소농도를 감시하기 위한 장치를 설치할 것

마. 모든 안전장치에는 일반이 통상의 조건에서 눈으로 확인할 수 있도록 색상 또는 문자로 표시하여야 한다.

압력계등

가. 모든 기체공급장치에는 압력계 및 수심계를 설치하여야 한다. 이 경우 잠수사 또는 지상 조작자가 인식하기에 어려움이 없는 방식을 적용하여야 한다.

나. 압력계를 가요성(可撓性) 호스에 연결하는 경우에는 사용 중 외부에는 가해지는 영향으로 손상되지 않도록 하여야 한다. 또한, 연결구에 기체가 이탈되지 않는 구조의 덮개가 설치된 경우에는 기체배출을 위한 조치를 하여야 한다.

다. 압력계는 0에서 정격압력의 120퍼센트의 범위까지 표시할 수 있어야 한다.

라. 압력계의 눈금은 한 번에 1메가파스칼을 초과하지 않아야 하고, 5메가파스칼 미만에서는 저압부분에는 강조 표시를 해야 한다. 또한 눈금값의 허용오차는 다음에 적합하여야 한다.

　　1) 5MPa±0.5MPa

　　2) 10MPa±1.0MPa

　　3) 20MPa±1.0MPa

　　4) 30MPa±2.0MPa

마. 최고표시압력이 5메가파스칼 이하인 압력계의 오차범위는 전체 값의 2퍼센트 내외이어야 한다.

바. 물속에서 사용되는 수심계는 최고 수심 2배의 깊이에서 15분간 침수시켰을 때 방수기능을 유지하여야 한다.

사. 압력계의 투시창은 파손 시 파편이 튀지 않는 재질을 사용하여야 한다. 또한, 기계식 압력방출장치는 파열압력의 50퍼센트 이상의 압력에서 안전하게 압력을 방출시켜야 한다.

아. 공기보다 농도가 높은 기체를 사용하는 압력계에는 이를 표시하여야 한다.

자. 압력을 수심으로 변환시키는 수심계는 압력이 0.1메가파스칼 증가할 때마다 수심 10미터가 증가되는 것으로 표시하여야 한다.

차. 수심계 눈금의 정확도는 수심 50미터 이하에서는 0.5미터 내외의 오차, 50미터 이상에서는 1미터 내외의 오차이고, 1미터 단위로 증가되는 것이어야 한다.

통화장치

가. 통화장치는 생명줄의 통화용 전선과 연결되며, 통화 단추, 마이크와 스피커, 음량조절장치, 녹음장치 및 보조사용 스피커 단자 등을 구비하여야 한다.

나. 잠수에 사용되는 통화장치는 물속의 잠수사가 송신하는 소리를 지상에서 지속적으로 들을 수 있어야 하며, 지상의 조작자가 잠수사에게 의사를 전달할 때는 통화 단추를 누른 상태에서 통화할 수 있는 구조이어야 한다.

다. 통화장치는 지상의 조작자가 음량을 조절할 수 있어야 한다.

　　　　　　　　　　　관리자는 잠수사를 물에 보내는 마지막 사람이다

라. 통화장치는 지상의 조작자가 별도로 조종하지 않더라도 물속의 잠수사 간에 통화가 가능한 구조이어야 한다.

마. 통화장치에는 물속의 잠수사와 지상의 조작자 간에 통화 내용을 녹음할 수 있는 장치가 설치되어야 한다.

바. 통화장치에는 지상의 조작자가 헤드폰을 끼고 통화를 할 수 있는 단자 및 멀리 떨어진 보조사가 송수신 내용을 들 수 있는가? 통화장치는 생명줄의 통화용 전선과 연결되며, 통화 단추, 마이크와 스피커, 음량조절장치, 녹음장치 및 보조사용 스피커 단자 등을 구비하여야 한다.

사. 잠수에 사용되는 통화장치는 물속의 잠수사가 송신하는 소리를 지상에서 지속적으로 들을 수 있어야 하며, 지상의 조작자가 잠수사에게 의사를 전달할 때는 통화 단추를 누른 상태에서 통화할 수 있는 구조이어야 한다.

1) 통화장치는 지상의 조작자가 음량을 조절할 수 있어야 한다.

2) 통화장치는 지상의 조작자가 별도로 조종하지 않더라도 물속의 잠수사 간에 통화가 가능한 구조이어야 한다.

3) 통화장치에는 물속의 잠수사와 지상의 조작자 간에 통화 내용을 녹음할 수 있는 장치가 설치되어야 한다.

4) 통화장치에는 지상의 조작자가 헤드폰을 끼고 통화를 할 수 있는 단자 및 멀리 떨어진 보조사가 송수신 내용을 들 수 있도록 스피커 연결 단자가 구비되어야 한다.

안전멜빵

가. 안전멜빵은 다음 요건에 적합해야 한다.

1) 한 번 조작으로 전체가 해체되는 방식의 버클을 사용하지 않을 것

2) 정해진 위치에 견고하게 고정시킬 수 있는 구조로서 잠수사의 몸과 불시에 분리되지 않고 착용으로 인해 잠수사의 신체 움직임에 방해를 주지 않는 구조일 것

3) 잠수사의 몸에 느슨하게 부착되는 수심측적호스 등을 정해진 위치에 부착할 수 있는 구조일 것

4) 안전멜빵의 조절장치는 사용 중 풀어지지 않아야 하며, 필요시 쉽게 조절이 가능한 구조
   일 것

5) 생명줄을 고정시킬 수 있는 장치를 구비하여야 하며, 3,500뉴턴의 정하중에서 5분간 견딜
   수 있을 것

나. 안전멜빵의 전·후면에는 인양용 고리(D-ring)를 부착해야 한다. 이때, 인양용 고리는 9,000
뉴턴의 인장하중에서 견딜 수 있어야 한다.

연결장치

가. 장비의 각 부위 연결에 사용되는 연결장치는 청소, 시험, 유지·보수 등의 작업 시 쉽게 분리
시킬 수 있는 구조이어야 한다.

나. 밀봉을 위해 사용되는 부품은 연결장치를 분해한 경우에도 정해진 위치에서 이탈되지 않아
야 한다.

청소 및 소독

청소 및 소독작업이 필요한 모든 부품은 해당 작업을 수행하기 쉬운 구조이고, 세제 또는 소독
제를 사용하더라도 기능이 저하되지 않아야 한다.

산업안전보건법

[시행 2015.1.1.] [법률 제11862호, 2013.6.4., 타법개정]

제47조(자격 등에 의한 취업 제한)

① 사업주는 유해하거나 위험한 작업으로서 고용노동부령으로 정하는 작업의 경우 그 작업에 필요한 자격·면허·경험 또는 기능을 가진 근로자가 아닌 자에게 그 작업을 하게 하여서는 아니 된다. 〈개정 2010.6.4〉

② 고용노동부장관은 제1항에 따른 자격·면허 취득자의 양성 또는 근로자의 기능 습득을 위하여 교육기관을 지정할 수 있다. 〈개정 2010.6.4〉

③ 제1항에 따른 자격·면허·경험·기능, 제2항에 따른 교육기관의 지정 요건 및 지정 절차, 그 밖에 필요한 사항은 고용노동부령으로 정한다. 〈개정 2010.6.4〉

④ 제2항에 따른 교육기관에 관하여는 제15조의2를 준용한다.

제15조의2(지정의 취소 등)

① 고용노동부장관은 안전관리전문기관이 다음 각 호의 어느 하나에 해당할 때에는 그 지정을 취소하거나 6개월 이내의 기간을 정하여 그 업무의 정지를 명할 수 있다. 다만, 제1호 또는 제2호에 해당할 때에는 그 지정을 취소하여야 한다. 〈개정 2010.6.4, 2011.7.25, 2013.6.12〉

1. 거짓이나 그 밖의 부정한 방법으로 지정을 받은 경우

2. 업무정지 기간 중에 업무를 수행한 경우

3. 지정 요건을 충족하지 못한 경우

4. 지정받은 사항을 위반하여 업무를 수행한 경우

5. 그 밖에 대통령령으로 정하는 사유에 해당하는 경우

② 제1항에 따라 지정이 취소된 자는 지정이 취소된 날부터 2년 이내에는 안전관리전문기관으로 지정받을 수 없다. 〈개정 2013.6.12〉

[별표 1] 〈개정 2013.3.29〉

자격·면허·경험 또는 기능이 필요한 작업 및 해당 자격·면허·경험 또는 기능(제3조제1항 관련)

작업명	작업범위	자격·면허·기능 또는 경험
1.「고압가스 안전관리법」에 따른 압력용기 등을 취급하는 작업	자격 또는 면허를 가진 사람이 취급해야 하는 업무	「고압가스 안전관리법」에서 규정하는 자격
2.「전기사업법」에 따른 전기설비 등을 취급하는 작업	자격 또는 면허를 가진 사람이 취급해야 하는 업무	「전기사업법」에서 규정하는 자격
3.「에너지이용 합리화법」에 따른 보일러를 취급하는 작업	자격 또는 면허를 가진 사람이 취급해야 하는 업무	「에너지이용 합리화법」에서 규정하는 자격
4.「건설기계관리법」에 따른 건설기계를 사용하는 작업	면허를 가진 사람이 취급해야 하는 업무	「건설기계관리법」에서 규정하는 면허
18. 표면공급식 잠수장비 또는 스쿠버 잠수장비에 의해 수중에서 행하는 작업		1)「국가기술자격법」에 따른 잠수기능사보 이상의 자격 2)「근로자직업능력 개발법」에 따른 해당 분야 직업능력개발훈련 이수자 3) 3개월 이상 해당 작업에 경험이 있는 사람 4) 이 규칙에서 정하는 해당 교육기관에서 교육을 이수한 사람

[별표 2] 〈개정 2011.3.16〉

지정교육기관의 종류 및 인력기준(제4조제1항 관련)

지정교육 기관의 종류	인력기준
4. 잠수작업 　　기능습득 교육기관	가. 인원: 총괄책임자 1명, 강사 2명 이상 나. 자격요건 　1) 총괄책임자: 다음 가)부터 라)까지의 어느 하나에 해당하는 사람 　　가) 기술사(안전관리 분야에 한정한다), 산업안전지도사 또는 산업위생지도사 자격증을 소지한 사람 　　나) 산업안전기사 또는 산업위생관리기사 이상의 자격증을 소지한 사람으로서 7년 이상의 실무경력이 있는 사람 　　다) 「고등교육법」 제2조 각 호에 따른 학교의 졸업자(법령에서 이와 같은 수준 이상의 학력이 있다고 인정하는 사람을 포함한다. 이하 같다)로서 산업안전 또는 산업위생 관련 학과를 졸업하고 7년 이상의 실무경력이 있는 사람 　　라) 잠수산업기사 자격증을 소지한 사람으로서 10년 이상의 잠수 실무경력이 있는 사람 　2) 강사: 다음 가)부터 마)까지의 어느 하나에 해당하는 사람. 다만, 가) 또는 나)에 해당하는 사람 1명을 포함해야 한다. 　　가) 산업안전지도사(기계안전 및 전기안전 분야에 한정한다) 또는 산업위생지도사 자격증을 소지한 사람 　　나) 잠수산업기사, 산업안전산업기사 또는 산업위생관리산업기사 이상의 자격증을 소지한 사람으로서 3년 이상의 실무경력이 있는 사람 　　다) 「고등교육법」에 따른 전문대학 또는 이와 같은 수준 이상의 학교에서 산업안전 또는 산업위생 관련 학과를 졸업하고 3년 이상의 실무경력이 있는 사람 　　라) 잠수기능사 이상의 자격증을 소지한 사람으로서 5년 이상의 잠수 실무경력이 있는 사람 　　마) 7년 이상의 잠수 실무경력이 있는 사람으로서 이 규칙에서 정하는 해당 교육기관에서 교육을 이수한 사람

관리자는 잠수사를 물에 보내는 마지막 사람이다

[별표 5] 〈개정 2011.3.16.〉

잠수작업 기능습득 교육기관의 시설·장비기준(제4조제1항 관련)

시설 및 장비명	단위	훈련 인원별 수량		
		30명	60명	90명
1. 시설				
가. 교실	㎡	60	60	60
나. 실습장(현장 활용도 가능)	㎡	100	150	200
다. 공구실	㎡	10	20	30
라. 재료실	㎡	20	40	60
2. 장비				
가. 공기압축기	대	2	4	6
나. 압력 게이지	세트	3	6	9
다. 감압 및 가압 장치(현장 활용도 가능)	세트	2	4	6
라. 잠수구	세트	5	10	15

제1조(목적)

이 규칙은 「산업안전보건법」제 47조에 따라 유해하거나 위험한 작업에 대한 취업 제한에 관한 사항과 그 시행에 필요한 사항을 규정함을 목적으로 한다. [전문개정 2011.3.16]

제2조(정의)

이 규칙에서 사용하는 용어의 뜻은 이 규칙에 특별한 규정이 없으면 「산업 안전보건법」(이하 "법"이라 한다). 같은 법 시행령, 같은 법 시행규칙, 「산업안전보건기준에 관한 규칙」에서 정하는 바에 따른다. [개정 2011.7.6] [전문개정 2011.3.16]

제3조(자격·면허 등이 필요한 작업의 범위 등)

① 법 제47조제1항에 따른 작업과 그 작업에 필요한 자격·면허·경험 또는 기능은 별표 1과 같다.

② 법 제47조제1항에 따른 작업에 대한 취업 제한은 별표 1에 규정된 해당 법령에서 정하는 경우를 제외하고는 해당 작업을 직접 하는 사람에게만 적용하며, 해당 작업의 보조자에게는 적용하지 아니한다. [전문개정 2011.3.16]

제4조(자격취득 등을 위한 교육기관)

① 법 제47조제2항에 따른 자격·면허 취득자의 양성 또는 근로자의 기능습득을 위한 교육기관은 「한국산업안전보건공단법」에 따른 한국산업안전보건공단(이하 "공단"이라 한다)과 「민법」 또는 특별법에 따라 설립된 법인으로서 별표 1의2에 따른 인력 및 별표 2부터 별표 5까지, 별표 5의 2 및 별표 5의 3에 따른 시설·장비를 갖춘 기관 중 해당 법인의 소재지를 관할하는 지방고용노동청장 또는 지청장(이하 "관할 지방고용노동관서의 장"이라 한다)의 지정을 받은 기관(이하 "지정교육기관"이라 한다)으로 한다.

② 관할 지방고용노동관서의 장은 제1항에 따른 지정을 하는 경우에는 인력 수급 상황을 고려

     관리자는 잠수사를 물에 보내는 마지막 사람이다

하여야 한다. [전문개정 2011.3.16]

제5조(지정 신청 등)

① 지정교육기관의 지정을 받으려는 자는 별지 제1호서식의 교육기관 지정신청서에 다음 각호의 서류를 첨부하여 관할 지방고용노동관서의 장에게 제출하여야 한다.

  1. 정관

  2. 별표 1의2에 따른 인력기준에 해당하는 사람의 자격과 채용을 증명할 수 있는 서류

  3. 건물임대차계약서 사본이나 그 밖에 사무실의 보유를 증명할 수 있는 서류(건물등기부 등본을 통하여 사무실을 확인할 수 없는 경우만 해당한다)와 시설·설비 명세서

  4. 최초 1년간의 교육계획서

② 제1항에 따른 신청서를 받은 관할 지방고용노동관서의 장은 「전자정부법」 제36조제1항에 따른 행정정보의 공동이용을 통하여 다음 각 호의 서류를 확인하여야 한다.

  1. 법인등기사항증명서

  2. 건물등기부 등본

③ 관할 지방고용노동관서의 장은 제1항에 따라 교육기관 지정신청서를 접수한 경우에는 지정신청서를 접수한 날부터 30일 이내에 별지 제2호서식의 교육기관 지정서를 발급하거나 신청을 반려하여야 한다.

④ 제3항에 따라 교육기관 지정서를 발급받은 자가 지정서를 잃어버렸거나 헐어서 못 쓰게 된 경우에는 재발급을 신청할 수 있다.

⑤ 지정교육기관은 보유 인력·시설을 변경한 경우에는 변경일부터 20일 이내에 별지 제3호서식의 인력·시설 변경신고서에 그 사실을 증명하는 서류 및 교육기관 지정서를 첨부하여 관할 지방고용노동관서의 장에게 제출하여야 한다. 이 경우 관할 지방고용노동관서의 장은 신고서가 접수된 날부터 30일 이내에 변경된 사항을 반영하여 별지 제2호서식의 교육기관 지정서를 발급하거나, 제출서류에 미비한 점이 있을 경우 보완을 요청하여야 한다. [전문개정 2011.3.16]

제6조(지정서의 반납)

법 제47조제4항에 따라 준용되는 법 제15조의2에 따라 지정이 취소된 지정교육기관은 지체 없이 제5조제3항에 따른 교육기관 지정서를 관할 지방고용노동관서의 장에게 반납하여야 한다. [전문개정 2011.3.16]

제6조의2

삭제 〈2011.3.16〉

제7조(교육 내용 및 기간 등)

공단 또는 지정교육기관(이하 "교육기관"이라 한다)에서 법 제47조제1항에 따른 자격을 취득하거나 기능을 습득하려는 사람은 별표 6에 따른 교육 내용 및 기간(시간)을 이수하여야 한다. [전문개정 2011.3.16]

제8조(교육방법 등)

① 교육기관이 법 제47조제1항에 따른 자격의 취득 또는 기능의 습득을 위한 교육을 실시할 때에는 별표 6에 따른 교육내용에 적합한 교과과목을 편성하고, 교과과목을 편성하고, 교과과목에 적합한 강사를 배치하여 교육목적을 효과적으로 달성할 수 있도록 하여야 한다.

② 제1항에 따른 교육을 실시할 때 강사 1명당 교육 인원은 이론교육의 경우에는 30명 이내, 실기교육의 경우에는 10명 이내로 하여야 한다. [전문개정 2011.3.16]

제9조(교육계획의 수립)

① 교육기관은 매년도 교육계획을 수립하여 교육을 실시하여야 한다.

     관리자는 잠수사를 물에 보내는 마지막 사람이다

② 제1항에 따른 교육계획에는 다음 각 호의 사항이 포함되어야 한다.

  1. 교육 일시 및 장소

  2. 교육과정별 교육대상 인원

  3. 교육수수료

  4. 강사(학력 및 경력이 포함되어야 한다)

  5. 수료시험에 관한 사항(시험위원회 구성, 출제 및 채점 기준 등이 포함되어야 한다) [전문
     개정 2011.3.16]

제10조(등록)

법 제47조제1항에 따른 자격의 취득 또는 기능의 습득을 위한 교육을 받으려는 사람은 별지 제4
호 서식의 교육수강 신청서를 교육기관에 제출하고 등록을 하여야 한다.

제11조(수료증 등의 발급)

① 교육기관은 법 제47조제1항에 따른 자격의 취득에 관하여 정해진 교육을 이수(정해진 교육
   시간의 10분의 9 이상을 이수한 경우를 말한다)하고 수료시험에 합격한 사람에게 별지 제5호
   서식의 자격교육 수료증을 발급하여야 한다.

② 제1항에 따른 수료시험은 교육 종료 전에 실시하여야 하며 필기시험과 실기시험으로 구분하
   여 다음 각 호의 방법으로 실시하여야 한다.

  1. 필기시험: 선택형 위주로 실시

  2. 실기시험: 실험·실습 위주로 실시

③ 교육기관은 법 제47조제1항에 따른 기능의 습득에 관하여 정해진 교육을 이수한 사람에게
   별지 제6호서식의 기능습득 교육이수증을 발급하여야 한다.

④ 제1항 및 제3항에 따른 자격교육 수료증 또는 기능습득 교육이수증(이하 "수료증등"이라한
   다)을 발급받은 사람은 해당 수료증등을 타인에게 양도하거나 대여해서는 아니 된다. [전문
   개정 2011.3.16]

제12조(수료증등의 재발급)

① 수료증등을 발급받은 사람이 수료증등을 잃어버렸거나 헐어서 못 쓰게 된 경우에는 즉시 별지 제7호서식의 수료증등 재발급신청서를 해당 수료증등을 발급한 교육기관에 제출하여 수료증등을 재발급받아야 한다.

② 수료증등이 헐어서 못 쓰게 된 사람이 제1항에 따른 신청을 하는 경우에는 해당 신청서에 그 수료증등을 첨부하여야 한다.

③ 수료증등을 재발급받은 후 잃어버린 수료증등을 되찾은 수료증등을 지체 없이 해당 수료증등을 발급한 교육기관에 반납하여야 한다. [전문개정 2011.3.16]

 관리자는 잠수사를 물에 보내는 마지막 사람이다

잠수작업자 특별 안전교육 자료

안전교육 개요

제주 외항 공사는 수심 20m 정도로 이루어지는 심해 작업으로 잠수 작업에 따른 특수한 위험 작업요소가 산재되어 있다.

따라서 산업재해 발생여건을 사전에 도출하여 방지함으로써 무재해 현장을 구현하기 위한 관리 목적에 있다.

사전조사사항

(1) 기상,해상

기상 통보 및 조류의 변동을 매일 확인하여 작업 투입 전 반드시 숙지하고 작업에 투입하여야 하며 작업 중 수시로 변동되는 기상 및 해상상태 등을 파악하여 작업 중 문제가 없도록 항상 대처할 수 있도록 관리한다.

(2) 위험물 및 매설물

작업 수역에 위험물 및 기타 장애물이 있을 시에는 즉시 작업을 중단하고 해당 직원에게 즉시 보고하여야 한다.

(3) 항행제한

잠수작업자가 수중에서 작업을 시행하고 있을 시에는 주위를 항해하는 선박이나 기타 장비들이 식별이 가능하도록 조치를 취하여야 하며 잠수 보조자는 항상 주위를 경계하여 잠수작업자의 안전에 대비하여야 한다.

(4) 개인 보호구 착용

해상이나 선박에서 작업하는 근로자는 필히 구명동의, 안전모, 안전화를 착용하여야하며 잠수작업자 역시 수중에서 수상으로 나왔을 경우에는 안전모를 착용하여야 한다. 특히, T.T.P 및 수상부 피복석 작업을 실시하는 잠수자는 슈트를 입지 않은 한 안전모 및 구명동의를 필히 착용하여야 한다.

(5) 장비점검

잠수 장비에 대한 점검을 철저히 하여 작업 중 문제가 발생되지 않도록 하여야 하며 잠수보조자는 항상 잠수자의 폰과 에어콤퓨레샤 장비 작동상태 등을 수시로 확인하고 대처할 수 있도록 충분한 교육을 실시하여야 한다.

(6) 수신호 확인

잠수작업자는 관련 장비기사 및 잠수보조자와 정확한 수신호를 결정하여 사용하여야 하며 수시로 확인하여 작업 중 문제가 발생되지 않도록 하여야 한다.

작업 중 안전관리

(1) 작업시간의 준수

잠수작업자는 수심을 감안하여 항상 잠수 감압표에 의한 작업을 준수하여야 하며 횡단 작업보다는 종단작업을 시행하여 같은 수심에서 계속 작업이 이루어지지 않도록 하여야 한다.

   관리자는 잠수사를 물에 보내는 마지막 사람이다

(2) 감압용 잠수용기 수시확인

작업장에 비치되어 있는 감압용 산소용기는 수시로 확인하여 항상 충만한 상태가 유지될 수 있도록 관리를 철저히 하며 작업 중 무리가 따른다고 판단될 경우에는 관리자에게 보고 후 즉시 사용할 수 있도록 하며 관리자는 잠수작업자의 상태를 확인하여 후속 조치를 취할 수 있도록 한다.

※ 잠수병 치료 시설 소재지

① 부산: 고산의료원 복음병원(051-990-6175)

② 진해: 진해해양의료원(055-549-1871, 1876)

③ 통영: 잠수응급 구난망(055-649-7115)

④ 여수: 잠수기 조합 고압챔버실(061-683-2011)

⑤ 거제: 장목 잠수기 자율관리 위원회(055-635-5161)

⑥ 주식회사 산업잠수협동조합(031-543-2994)

→ 부산, 통영 외에는 원칙적으로 외부인은 치료를 거부

→ 잠수병 의심자는 절대로 항공기를 이용하여 이동하면 안 된다.

(3) 잠수장비의 점검

잠수 관리자를 주축으로 하여 잠수작업자와 잠수보조자와 함께 3인이 일체가 되어 잠수 장비를 매일 점검하여 작업 중 문제가 발생되지 않도록 관리를 철저히 한다.

① 잠수복과 잠수 기구상태 점검하여 낡은 것은 교체하고 누수현상이 있는 것은 사용하지 말아야 한다.
② 에어 콤퓨레샤와 에어 호스 등을 수시로 확인하여 수리가 가능한 것은 즉시 수리하여 사용할 수 있도록 하며 문제가 있다고 판단되는 것으로 즉시 교체하여야 한다.
③ 에어 콤퓨레샤와 공기압을 나타내는 부란자의 상태를 수시로 확인하여 작동상태를 점검하여야 하며 규정압력에서 작동되는지 확인하여야 한다.

(4) 잠수작업자의 안전의식

① 잠수작업자는 작업에 문제가 없도록 개인 건강관리를 철저히 하여야 하며 누적되는 작업에 의한 체력의 안배를 위하여 과도한 음주를 삼가야 한다.

② 잠수작업자는 수중 작업 후 수면으로 상승할 시 감압법에 의하여 상승속도를 정확히 엄수하여 상승할 수 있도록 한다.

③ 잠수작업자는 무리한 작업이 이루어지지 않도록 안전수칙에 의거 작업을 시행하며 자신이 없는 일에 무리하게 작업을 감행하지 않도록 한다.

④ 잠수 작업 후에는 다음 작업을 위하여 충분한 휴식을 취하여야 한다.

(5) 기타 안전관리

① 잠수작업자는 입수 전 에어콤퓨레샤 및 잠수폰을 필히 점검하고 정상적으로 작동할 시 작업에 투입되어야 하며 잠수보조자는 작업 중 계속적으로 작동상태 등을 확인할 수 있도록 하며 절대로 작업장 근처를 벗어나면 안 된다.

② 잠수용 콤퓨레샤에 사용하는 에어 휠타용 오일은 필히 잠수용 오일을 사용하여야 한다.

③ 잠수작업자는 중량 작업에 사용되는 와이어 및 체인등을 작업 전 수시로 확인하여 문제가 될 수 있는 소지가 있는 것은 절대로 사용하지 말아야 한다.

④ 선상에서는 여하한 일이 있어도 뛰어다녀서는 안 된다.

⑤ 기존 우원치 및 동력 사용 시 경험자 외에는 사용을 금지할 것.

⑥ 선상에서 통행이 잦은 곳에 장애물 설치 금지 및 기존 장애물을 항상 숙지하여 안전보행에 주의하여야 한다.

⑦ 중량물 작업 시 크레인 회전 반경 및 붐대 밑에는 여하한 사유가 있더라도 근접해서는 안 된다.

⑧ 잠수 보조자 및 선상의 작업자는 중량물 작업 시 선박 근처를 통행하는 선박을 항시 주시하여 너울에 의한 선박의 충격 시 잠수작업자에 문제가 없도록 사전 조치하여야 함.

⑨ 사고 방지 5가지 수칙 준수
　- 움직이는 것에 주의
　- 착각하지 말라
　- 부주의하지 말라

- 의식과잉이 되지 말라

- 일보 전을 생각하라

작업 후 안전관리

(1) 작업 종료 후 현장정리정돈 철저

(2) 명일 작업을 위한 작업협의

(3) 작업 중 문제가 있었던 안전사항에 대하여 해당 직원에 통보하여 후속조치 강구

기타사항 — 프로 잠수사 9훈

(1) 프로 잠수사는 일에 생명을 거는 사람이다.

(2) 프로 잠수사는 자기의 일에 자부심을 갖는 사람이다.

(3) 프로 잠수사는 앞을 내다보고 일하는 사람이다.

(4) 프로 잠수사는 목표를 향하여 나아가는 사람이다.

(5) 프로 잠수사는 성과에 책임을 지는 사람이다.

(6) 프로 잠수사는 보수가 성과에 의해 정해지는 사람이다.

(7) 프로 잠수사는 시간보다 목표를 중심으로 일하는 사람이다.

(8) 프로 잠수사는 능력 향상을 위해 항상 노력하는 사람이다.

(9) 프로 잠수사는 자기의 일에 자신감을 가지고 창조하는 사람이다.

에필로그

관리자는 마지막 판단자다

산업잠수 사고를 되돌아보면, 사고의 원인은 거의 언제나 단순한 하나의 기술 결함으로 설명되지 않는다. 장비는 고장 날 수 있고, 환경은 예고 없이 변하며, 사람은 언제든 실수를 한다. 이러한 요소들은 산업잠수 현장에서 항상 공존한다. 그러나 이 모든 조건이 겹쳐지는 순간에도, 사고로 이어질지 멈춰 설지는 결국 하나의 요소에 의해 결정된다. 바로 **관리자의 판단**이다.

관리자는 가장 먼저 위험을 감지하는 사람도 아니고, 가장 위험한 위치에서 작업하는 사람도 아니다. 잠수사는 물속에서 직접 위험을 마주하고, 장비 담당자는 시스템의 이상을 가장 먼저 확인하며, 작업자는 공정과 일정의 압박 속에서 움직인다. 그럼에도 불구하고 관리자가 사고의 중심에 서게 되는 이유는 단순하다. 관리자는 이 모든 정보를 종합해 **계속할 것인지, 멈출 것인지를 결정할 수 있는 유일한 위치**에 있기 때문이다.

잠수사는 물속에서 자신의 호흡과 신체 반응을 느낄 수 있지만, 수면 위의 전체 상황을 볼 수는 없다. 장비 담당자는 특정 장비의 상태에는 밝을지 몰라도, 잠수사의 심리적·신체적 한계까지 동시에 판단하기는 어렵다. 작업자는 공정의 진행을 우선적으로 생각할 수밖에 없다. 그러나 관리자는 이 모든 관점을 한 지점에서 받아들이고, 작업의 지속 여부를 결정해야 한다. 이 결정의 무게가 관리자를 마지막 판단자로 만든다.

     관리자는 잠수사를 물에 보내는 마지막 사람이다

이 책에서 반복해서 강조해 온 것은 기술 그 자체가 아니다. 체크리스트, 절차서, 교육, 기록과 서명 양식은 모두 목적이 있다. 그것은 관리자가 판단을 미루거나 회피하지 않도록 돕기 위한 장치들이다. 기술은 판단을 대신해 주지 않는다. 절차는 결정을 내려 주지 않는다. 결국 선택은 언제나 사람, 그중에서도 관리자에게 남는다.

작업중지는 실패가 아니다. 인양 결정은 과잉 대응이 아니다. 기록과 서명은 책임을 떠넘기기 위한 장치도 아니다. 이러한 행위들은 사고 이후를 대비하기 위한 형식적 절차가 아니라, **사고 이전에 위험을 끊어 내기 위한 적극적인 판단 행위**다. 멈춘다는 선택은 현장을 망치는 결정이 아니라, 현장을 지키는 결정이다.

현장에서는 늘 같은 말이 반복된다.

"조금만 더 하면 끝난다."

그러나 수많은 사고 사례가 보여 주듯, 사고는 언제나 그 '조금'에서 발생한다. 그 순간 관리자가 해야 할 일은 상황을 낙관하는 것이 아니라, 질문을 던지는 것이다.

지금 이 작업을 계속하는 것이 정말로 안전한가?

이 질문에 명확하고 단호하게 답할 수 없다면, 답은 이미 내려진 것이다. 그때 관리자가 해야 할 일은 판단을 설명하는 것이 아니라, **작업을 멈추는 것**이다.

좋은 관리자는 사고가 발생한 뒤에 보고서를 잘 작성하는 사람이 아니다. 좋은 관리자는 사고 이후에 자신의 판단을 방어하는 사람이 아니다. 좋은 관리자는 사고가 발생하지 않도록, 사후 설명이 필요 없는 선택을 한 사람이다.

이 책이 산업잠수 현장의 모든 사고를 막을 수는 없을 것이다. 그러나 이 책을 통해 단 한 번이라도 관리자가 멈추는 결정을 더 빠르게 내릴 수 있다면, 그 판단은 한 사람의 생명을 지킬 수 있다. 때로는 한 번의 판단이 한 명의 잠수사를, 한 가정을, 그리고 하나의 현장을 지켜 낸다.

관리자는 물속으로 들어가지 않는다. 그러나 관리자의 판단은 항상 잠수사와 함께 물속으로 들어간다. 그 판단은 작업 내내 잠수사의 호흡, 장비, 그리고 생존과 함께 움직인다.

그리고 그 판단은, 언제나 마지막이다.

PART Ⅱ

산업잠수 스트레스 관리

서문

본 서적은 산업잠수 현장에서 반복적으로 발생하는 중대 사고의 근본 원인을 **기술 결함이 아닌 '인간의 스트레스 반응과 관리자 판단'**에서 찾고, 이를 체계적으로 관리하기 위한 기준을 제시한다.

산업잠수는 본질적으로 고위험 작업이며, 수중이라는 폐쇄·제한 환경은 잠수사의 신체적·인지적 스트레스를 급격히 증폭시킨다. 이러한 스트레스는 일정 수준을 넘는 순간, 인간의 생존 본능인 **투쟁-도피 반응(Fight or Flight Response)**을 유발하며, 이 반응은 숙련도와 무관하게 판단 붕괴와 절차 이탈로 이어질 수 있다.

본서는 먼저 스트레스의 일반적 정의와 산업잠수 환경에서의 특수성을 설명하고, 잠수 전·중·후 단계별로 나타나는 실제 스트레스 사례를 통해 사고가 어떤 경로로 시작되는지를 보여준다. 이어서 투쟁-도피 반응의 생리적·인지적·행동적 메커니즘을 상세히 분석하여, 사고 당시 잠수사가 왜 합리적인 판단을 할 수 없었는지를 과학적으로 설명한다.

또한 국내 및 해외 산업잠수 사고 사례를 투쟁-도피 반응 관점에서 재해석함으로써, 사고의 직접 원인이 아니라 **중단되지 않은 판단과 지연된 인양 결정**이 어떻게 사고를 확정시켰는지를 비교분석한다.

이 책의 핵심은 관리자에게 있다. 관리자는 잠수사를 물에 보내는 마지막 사람이자, 위험 신호를 보고 작업을 끝낼 수 있는 유일한 판단자이다. 이를 위해 본서는 "이 신호가 보이면 무조건 인양"이라는 명확한 결정 트리와 함께, 인양 결정 시 사용할 수 있는 관리자 표준 멘트, 그리고 조사·법정·내부 보고에 활용 가능한 판단 기록 서술 예시를 제시한다.

마지막으로 국내 산업안전보건 기준, IMCA, OSHA 등 주요 법규와 가이드라인을 사고 사례 및 결정 기준과 직접 연결함으로써, 조기 인양과 작업 중단이 과잉 대응이 아니라 **법규가 요구하는 정상적인 안전 관리 행위**임을 분명히 한다.

본 서적은 단순한 이론서가 아니라, 관리자 교육 교재이자 현장 판단 매뉴얼이며, 사고 이후 책임을 설명할 수 있는 실무 문서이다. 산업잠수 사고를 줄이기 위해 필요한 것은 더 강한 장비가 아니라, **위험을 인식하고 끝낼 수 있는 관리자 판단 기준**임을 이 책은 분명히 말하고 있다.

제1장

산업잠수 스트레스 관리 기준 및 사례

본 문서는 산업잠수 현장에서 가장치명적인 요소인 '스트레스'를 정의하고, 잠수 전·중·후 단계별 스트레스 상황과 관리·대처 방안을 정리한 **관리자·교육용 기준 문서**이다.

1-1. 스트레스란?

스트레스란 인간이 외부 환경으로부터 **위협, 압박, 요구, 위험 요소**를 인지했을 때, 이를 극복하거나 회피하기 위해 뇌와 신체가 자동으로 활성화시키는 **생존 중심 반응 체계**를 의미한다. 이는 단순한 감정 변화나 기분의 문제가 아니라, 생존 가능성을 높이기 위해 설계된 **본능적 경고 시스템**이다.

인간의 뇌는 위험을 감지하면 합리적 판단 이전에 "지금 이 상황이 안전한가?"를 먼저 평가한다. 이 과정에서 위험으로 분류된 자극은 즉각적으로 신경계와 호르몬계를 자극하여 신체 상태를 변화시킨다. 심박수 증가, 호흡 변화, 근육 긴장, 시야 축소, 사고 범위 감소 등이 동시에 나타나며, 이는 모두 **살아남기 위한 준비 상태**로의 전환이다.

문제는 스트레스가 항상 실제 위험의 크기와 비례하지 않는다는 점이다. 스트레스는 **객관적 위험**이 아니라, 개인이 인식한 **주관적 위험 평가**에 의해 촉발된다. 즉, 동일한 환경에서도 개인의 경험, 피로, 건강 상태, 누적 부담에 따라 스트레스 반응은 크게 달라질 수 있다.

특히 스트레스는 다음과 같은 특성을 가진다.

관리자는 잠수사를 물에 보내는 마지막 사람이다

· 의지로 즉각 차단할 수 없다

· 서서히 누적되다가 임계점을 넘으면 급격히 행동을 지배한다

· 당사자는 인지하지 못한 채 행동부터 변화한다

· 외부 관찰자에게는 반드시 신호로 드러난다

이 때문에 스트레스는 개인의 성향이나 정신력의 문제가 아니라, **관리 대상 위험 요소**로 다뤄져야 한다.

스트레스는 약함의 증거가 아니라, 위험이 가까워졌다는 생존 신호이다.

1-2. 스트레스의 반응

1) 스트레스는 인간에게 항상 따라다니는 것

공포나 놀람, 위험을 느끼는 뜻밖의 자극 투쟁, 도피반응으로 살아남기 위한 수단으로서 옛날 사람들이 익힌 것인다.

이것은 일종의 아드레날린의 급격한 분비로 맞서 싸우든지 방향 전환을 하여 도망가든지, 어느 것이라도 위험에 대하여 최적 수단을 취하기 위한 에너지가 되는 것이다.

1-3. 스트레스의 신체적 증상

얼굴이 화끈거리거나, 얼굴의 홍조, 발한, 복부의 불쾌감, 구토 등 심박수의 상승, 숨이 참, 근육의 긴장, 이러한 징후는 본능적으로 생긴다.

우선 멈춰서 생각한다.

그리고 원인이 무엇인지 알아낸다.

1-4. 스트레스는 배우는 것

우리들은 이 세상에 태어나서 줄곧 다양한 스트레스 원인 또는 공포나 불안을 일으키는 상황에 노출되어 있다.

이러한 공포나 불안은 우리들의 경험, 본능, 역할, 모델에서 또는 결단을 내리지 못한 경험으로부터 후천적으로 생기는 것이다.

예) 나쁜체험, 공포, 물에 빠져 죽을 뻔한 경험, 교통사고의 상처, 생명을 위협하는 상황

1-5. 산업잠수에서 말하는 스트레스의 정의

산업잠수에서 말하는 스트레스란, 잠수사가 **자신이 처한 수중 환경과 작업 조건을 더 이상 충분히 통제하고 있다고 느끼지 못하는 순간부터 발생하는 생리적·인지적·행동적 반응의 총합**을 의미한다. 이는 단순한 긴장, 성격 문제, 정신력의 문제가 아니라, 수중이라는 특수 환경에서 인간의 생존 시스템이 작동한 결과이다.

 관리자는 잠수사를 물에 보내는 마지막 사람이다

산업잠수 스트레스의 핵심은 '위험 그 자체'가 아니라, 잠수사가 인식하는 **통제 가능성의 붕괴**에 있다. 동일한 수심, 동일한 장비, 동일한 작업이라 하더라도 잠수사의 피로도, 경험, 직전 작업 이력, 현장 분위기에 따라 스트레스 수준은 전혀 다르게 나타난다.

산업잠수 스트레스는 다음과 같은 특징을 가진다.

· 수중 환경이라는 **즉각적인 탈출이 불가능한 공간**에서 발생한다
· 생명 유지가 장비와 표면 지원에 **전적으로 의존**되어 있다
· 작은 이상도 연쇄적으로 확대될 수 있다
· 판단 지연이나 오류가 곧바로 **치명적 결과**로 연결된다

이러한 환경에서 스트레스는 감정의 문제가 아니라, 잠수사의 **안전 여유(Safety margin)를 직접적으로 잠식하는 위험 인자**로 작용한다. 스트레스가 증가할수록 잠수사는 상황을 넓게 판단하지 못하고, 눈앞의 문제 하나에 집착하거나 반대로 모든 것을 빨리 끝내려는 방향으로 치우치게 된다.

특히 산업잠수 스트레스는 다음 세 가지 층위에서 동시에 작동한다.

1. 생리적 스트레스
· 호흡 리듬 변화, 공기 소비량 증가
· 심박수 상승, 근육 긴장
· 미세 작업 능력 저하

2. 인지적 스트레스
· 상황 판단 범위 축소(터널 사고)
· 절차 기억 오류
· 위험 과소·과대 평가

3. 행동적 스트레스

· 작업 집착 또는 조기 종료 시도

· 불필요한 이동, 급한 동작

· 관리자 지시 선택적 수용

이 세 가지는 분리되어 나타나지 않으며, 대부분 **복합적으로 동시에 진행**된다. 따라서 산업잠수 스트레스는 잠수사 개인이 '참아야 할 상태'가 아니라, 관리자가 **관찰·판단·개입해야 할 안전 변수**이다.

관리자 관점에서 산업잠수 스트레스의 가장 중요한 정의는 다음과 같다.

산업잠수 스트레스란, 잠수사가 더 이상 스스로를 안전하게
통제할 수 없을 가능성이 높아졌다는 경고 신호이다.

이 정의에 따라 스트레스는 사후 평가 대상이 아니라, **작업 중 실시간으로 관리되어야 할 위험 요소**가 된다.

1) 일반적 스트레스

· 외부 자극이나 요구가 개인 능력을 초과한다고 느낄 때 발생

· 특징: 긴장, 불안, 초조함, 피로, 집중력 저하

· 적절한 수준에서는 집중력 향상 가능

□ 왜 이 반응을 이해해야 하는가

스트레스 상황에서 잠수사의 판단은 본능에 의해 바뀐다

산업잠수 현장에서 스트레스를 이해하는 것만으로는 충분하지 않다. 관리자가 반드시 이해해야 할 핵심은, 스트레스가 일정 수준을 넘는 순간 **잠수사의 행동과 판단이 어떤 방식으로 변화하는가**이다.

바로 이 지점에서 등장하는 것이 투쟁-도피 반응이다.

투쟁-도피 반응은 스트레스의 결과이자, 사고로 이어지는 **행동 전환의 시작점**이다. 이 반응이 활성화되면 잠수사는 더 이상 절차 중심의 작업자가 아니라, 생존 본능에 의해 움직이는 존재가 된다. 문제는 이 변화가 잠수사 본인에게는 거의 인지되지 않는다는 점이다.

관리자가 이 반응을 이해하지 못하면, 잠수사의 행동 변화를 **의욕, 고집, 숙련도 과신**으로 오해하게 된다. 그러나 실제로는 판단 능력이 이미 저하된 상태이며, 이 시점에서의 설득이나 독려는 사고 가능성을 오히려 높인다.

따라서 투쟁-도피 반응에 대한 이해는 심리 지식이 아니라 **안전 관리 기술**이다. 이 반응을 아는 관리자는 행동의 원인을 묻지 않고, 신호를 기준으로 즉시 개입할 수 있다.

투쟁-도피 반응을 이해한다는 것은 잠수사의 판단을 신뢰하지 않겠다는 뜻이 아니라,

판단을 대신해 주겠다는 책임 선언이다.

2) 투쟁-도피 반응(Fight or Flight Response)

투쟁-도피 반응은 인간이 위협을 인지했을 때 **의식적 판단 이전에 자동으로 활성화되는 생존 반응 체계**이다. 이는 경험, 숙련도, 성격과 무관하게 모든 인간에게 동일하게 나타나는 **신경생리학적 반응**이며, 잠수사 역시 예외가 아니다.

위협 자극이 인지되는 순간, 뇌의 편도체(Amygdala)는 이를 생존 위협으로 분류하고, 대뇌의 이성적 판단 영역(전전두엽)보다 먼저 **신체 반응을 지휘**한다. 이 과정은 수 초 이내에 발생하며, 당사자는 이를 '불안하다', '초조하다'로 인식하기도 전에 행동 변화가 먼저 나타난다.

① 생리적 반응 단계

· 아드레날린 · 코르티솔 분비 증가

· 심박수 및 혈압 급상승

· 호흡 속도 증가, 호흡 깊이 불안정

· 말초 혈관 수축 → 손 · 발 감각 둔화, 미세 작업 능력 저하

이 단계에서 신체는 **"지금 당장 살아남기 위한 상태"**로 전환된다.

② 인지 · 판단 변화 단계

· 사고 범위 축소(터널 사고)

· 복수 선택지 비교 능력 급감

· 절차보다 즉각적 행동을 선호

· 관리자 지시를 부분적으로만 이해하거나 왜곡 인식

즉, 이성적 판단보다 **반사적 대응이 우선되는 상태**가 된다.

③ 행동 표현 단계

· 과호흡 또는 호흡을 억제하려는 시도

· 공기 공급, 장비 소음, 저항에 대한 과잉 반응

· 계획된 절차 이탈

· "지금 끝내겠다", "곧 해결된다"는 무리한 판단

· 불필요한 상승·이동 시도

정상 상태　　　　스트레스 증가　　　　투쟁-도피 반응

■ 산업잠수 환경에서 특히 위험한 이유

육상 환경에서는 투쟁하거나 도망치는 선택지가 실제로 존재한다. 그러나 수중 환경에서는 이 두 선택 모두 **현실적인 생존 전략이 될 수 없다.**

· 도망칠 수 없음 → 급상승, 감압 위험

· 싸울 수 없음 → 장비·환경에 대한 무리한 대응

결과적으로 투쟁-도피 반응은 **잠수사의 생존 본능이 오히려 생존을 위협하는 상태**를 만든다.

■ 관리자 관점에서의 핵심 해석

투쟁-도피 반응이 시작된 잠수사는 더 이상 합리적 판단 주체가 아니다. 이 시점부터 잠수사는 **설득의 대상이 아니라 보호·통제의 대상이다.**

· 독려, 질책, 설득은 효과가 없다

· 절차 단순화와 작업 중단이 최우선

· 인양 결정은 과잉 대응이 아니라 정상적인 안전 관리 행위

투쟁-도피 반응이 나타났다는 것은 **이미 안전 여유가 붕괴되기 시작했다는 신호**이다.

3) 산업잠수 스트레스의 실무적 정의

· 환경, 작업 요구, 시간 압박, 신체 상태가 복합 작용

· 인지 · 판단 · 대응 능력 저하

· 관리 대상 위험 요소로 관리자 개입 필요

1-6. 잠수 단계별 스트레스 사례

1) 잠수 전 사례

· **상황:** 잠수사 A는 전일 작업으로 피로가 누적된 상태에서 브리핑에 참석

· **징후:** 말수가 줄고, 장비 점검 집착, 준비 동작 반복

· **관리자 대응:** 작업 계획 재확인, 필요시 잠수 연기 또는 교체 결정

2) 잠수 중 사례

· **상황:** 잠수사 B, 저시야 환경에서 작업 시작. 공기 공급 압력 약간 변동 발생

· **징후:** 호흡 불안정, 통신 단절, 작업 속도 급격 변화

· **관리자 대응:** 작업 목표 축소, 통신 안정화, 스트레스 징후 2개 이상 확인 시 즉각 인양

          관리자는 잠수사를 물에 보내는 마지막 사람이다

3) 잠수 후 사례

· **상황:** 잠수사 C, 수중 작업 종료 후 장비 정리 및 회수 과정에서 피로 누적
· **징후:** 과도한 피로 호소, 방어적 태도, 장비 정리 소홀
· **관리자 대응:** 충분한 회복 시간 보장, 상태 기록, 다음 잠수 전 재평가

1-7. 단계별 대처 방안

산업잠수에서 스트레스 관리는 특정 순간의 대응이 아니라, **잠수 전-잠수 중-잠수 후로 이어지는 연속적 관리 과정**이다. 각 단계에서 관리자의 판단과 개입 방식에 따라 스트레스는 완화될 수도, 사고로 전이될 수도 있다.

1) 잠수 전

잠수 전 단계는 스트레스를 가장 효과적으로 차단할 수 있는 시점이다. 이 단계에서의 조정과 결정은 실제 사고 예방에 가장 큰 영향을 미친다.

① 작업 강도 · 시간 조정

관리자는 작업의 난이도와 예상 소요 시간을 기준으로 잠수사의 현재 상태를 함께 고려해야 한다. 동일한 작업이라도 피로 누적, 반복 잠수, 환경 변화가 있을 경우 스트레스 부담은 급격히 증가한다.

■ 예시

전일 야간 작업을 수행한 잠수사에게 동일 난이도의 주간 잠수를 배정할 경우, 관리자는 작업 구간을 분리하거나 수중 체류 시간을 단축하는 방식으로 조정해야 한다.

② 잠수 연기 또는 교체 가능성 열어 두기

잠수 전 스트레스 징후가 관찰될 경우, 잠수 연기나 교체는 실패가 아니라 정상적인 안전 관리 결정이다. 이 선택지를 닫아 두는 순간, 잠수사는 이미 심리적 압박을 느끼기 시작한다.

■ 예시

브리핑 중 잠수사가 반복적으로 작업 절차를 확인하거나, 평소와 달리 과도한 질문을 할 경우, 관리자는 "오늘은 대기 인원으로 전환할 수 있다"는 메시지를 명확히 전달해야 한다.

③ 관리자 주도의 재브리핑

재브리핑은 정보를 추가하기 위한 것이 아니라, **잠수사의 통제감을 회복시키기 위한 과정**이다. 작업 목표를 단순화하고, 중단 기준을 다시 확인하는 것이 핵심이다.

■ 예시

관리자가 "작업 중 통신이 불안정하면 즉시 중단한다"는 기준을 명확히 재확인함으로써, 잠수사는 혼자 판단해야 한다는 압박에서 벗어날 수 있다.

2) 잠수 중

잠수 중 스트레스 대응의 핵심은 문제 해결이 아니라 **상태 관리**이다. 이 단계에서는 작업 완수보다 생리·인지 상태 유지가 우선된다.

① 작업 목표 축소

스트레스 징후가 나타나면 즉시 작업 범위를 줄이고, 핵심 작업만 남기는 것이 원칙이다. 이는 실패가 아니라 위험 확산을 막기 위한 조치이다.

   관리자는 잠수사를 물에 보내는 마지막 사람이다

■ 예시

구조물 전체 점검 예정이었던 작업을 주요 접합부 1곳 확인으로 축소하고, 나머지는 다음 작업으로 이월한다.

② 즉각적 작업 중지 · 인양 결정

호흡 이상, 통신 변화, 행동 불안정이 복합적으로 나타날 경우, 관리자는 설명을 기다리지 않고 인양을 결정해야 한다.

■ 예시

잠수사가 "조금만 더 하면 끝난다"고 말하더라도, 호흡 속도 증가와 통신 단문 응답이 동시에 관찰되면 즉시 인양을 지시한다.

③ 통제감 회복 우선

잠수사가 통제감을 잃었다고 느끼는 순간 스트레스는 급격히 악화된다. 이때 관리자의 명확한 지시는 오히려 잠수사의 불안을 줄인다.

■ 예시

"지금은 작업하지 않는다. 그대로 대기하라"는 단정적 지시는 잠수사에게 판단 부담을 제거해준다.

3) 잠수 후

잠수 후 단계는 스트레스를 정리하고 다음 작업의 위험을 차단하는 중요한 과정이다. 이 단계를 소홀히 하면 스트레스는 누적되어 다음 잠수로 이어진다.

① 스트레스 요인 기록

잠수 중 관찰된 스트레스 징후와 환경 요인은 반드시 기록으로 남겨야 한다. 이는 개인 평가가 아니라 작업 조건 평가이다.

■ 예시

"저시정+조류 증가+통신 지연"과 같이 환경과 징후를 객관적으로 기록한다.

② 재잠수 여부 객관적 평가

잠수사의 의지나 자신감이 아니라, 관찰된 징후와 기준에 따라 재잠수 가능 여부를 판단한다.

■ 예시

당사자가 "괜찮다"고 말하더라도, 동일 조건 반복 시 스트레스 재발 가능성이 높다면 재잠수를 제한한다.

③ 관리자 · 잠수사 간 피드백

피드백은 질책이나 평가가 아니라, 신호 공유와 기준 재확인의 과정이다. 이를 통해 잠수사는 다음 작업에서 자신의 상태를 더 빠르게 인식할 수 있다.

■ 예시

관리자가 "통신 짧아진 시점이 인양 기준이었다"고 설명함으로써, 잠수사는 자신의 반응을 객관적으로 이해하게 된다.

1-8. 사고 1건을 3단계에 대입한 흐름도 분석(실제 적용 예시)

본 절은 앞서 제시한 **'3. 단계별 대처 방안(잠수 전·중·후)'**을 실제 사고 1건에 그대로 대입하여, 스트레스가 어떻게 누적되고 어디서 차단될 수 있었는지를 시간 흐름에 따라 보여 주기 위한 분석 파트이다. 이 분석의 목적은 사고의 결과를 비판하는 것이 아니라, **관리자의 개입 시점을**

명확히 학습하는 데 있다.

0) 사고 개요(요약)

· 작업 유형: 항만 구조물 하부 점검 잠수

· 잠수 방식: 표면 공급식 헬멧 잠수

· 환경 조건: 저시정, 약한 조류, 반복 잠수 일정

· 사고 결과: 잠수사 패닉 → 비계획 급상승 → 감압병 발생

1) 잠수 전 단계에 대입

□ 관찰된 상황

· 전일 연속 잠수로 인한 피로 누적

· 작업 일정 지연으로 인한 시간 압박

· 브리핑 중 잠수사의 질문 증가 및 절차 재확인 반복

□ 스트레스 해석

· 통제 가능성 저하 초기 단계

· 인지적 스트레스 이미 활성화

□ 적용 가능했던 관리 조치

· 작업 강도 · 시간 조정

· 잠수 연기 또는 교체 선택지 제시

· 관리자 주도의 재브리핑으로 중단 기준 재확인

→ 이 단계에서 개입했다면 사고는 시작되지 않았음

2) 잠수 중 단계에 대입

▫ 관찰된 상황

· 저시정으로 작업 지연 발생

· 호흡 속도 증가, 통신 응답 단문화

· 작업 목표 집착 및 절차 일부 생략

▫ 투쟁-도피 반응 매칭

· 생리적 반응: 과호흡 시작

· 인지 변화: 터널 사고 발생

· 행동 반응: 작업 강행(투쟁 반응)

▫ 적용 가능했던 관리 조치

· 즉각적 작업 목표 축소

· 호흡·통신 이상 복합 확인 시 인양 결정

· 잠수사 판단 대신 관리자 판단 개입

→ 이 시점이 사실상의 마지막 차단 지점

3) 잠수 후 단계에 대입

▫ 사고 직후 상황

· 비계획 급상승 후 신체 이상 발생

· 현장 대응 및 긴급 조치 수행

□ 사후 분석 관점

· 스트레스 신호는 잠수 전·중 이미 반복적으로 존재

· 사고는 단일 사건이 아니라 누적 결과

□ 필수 관리 조치(재발 방지)

· 스트레스 요인 및 판단 지연 지점 기록

· 동일 조건 재잠수 금지

· 관리자·잠수사 간 피드백을 통한 신호 공유

→ 잠수 후 단계는 책임 규명이 아니라 학습 단계

4) 흐름도 핵심 정리(교육용 문장)

이 사고는 갑작스럽게 발생한 것이 아니다.
스트레스는 잠수 전부터 시작되었고, 잠수 중 두 차례의 중단 기회가 있었으며,
사고는 그 기회를 지나친 결과이다.

5) "관리자 핵심 문장 박스"

관리자는 잠수사의 상태가 아닌, 판단이 흔들리는 순간을 관리한다.
스트레스는 감정이 아니라 신호이며, 신호를 무시하는 순간 사고는 시작된다.
잠수 전에는 선택지가 사고를 막고, 잠수 중에는 결단이 사고를 막는다.
잠수사가 버티려 할 때, 관리자는 멈출 수 있어야 한다.
인양 결정은 실패가 아니라 관리자의 역할이다.

6) 투쟁-도피 반응 관찰 기준

· **호흡, 통신, 행동**징후 각각 1개 이상=주의 단계

· 서로 다른 영역 2개 이상=**작업 중단·인양 원칙**

· 지속/반복 징후=작업 목표 축소 또는 중단

1-9. 교육용 핵심 메시지

· 스트레스는 보이지 않지만, 징후는 항상 나타난다

· 관찰은 선택이 아니라 의무

· 잠수사는 보호 대상이며, 관리자의 개입이 생명을 지킨다

1-10. 실제 잠수 사고에 대한 투쟁-도피 반응 매칭

본 절은 실제 산업잠수 사고에서 나타난 행동을 **투쟁-도피 반응 관점에서 재해석**함으로써, 관리자와 교육생이 사고의 '결과'가 아닌 **사고가 시작된 지점**을 이해하도록 돕기 위한 분석 파트이다.

0) 사고 개요(요약)

· 작업 유형: 구조물 하부 점검 잠수
· 환경 조건: 저시정, 조류 존재, 반복 잠수 일정
· 사고 결과: 비계획 급상승 후 감압병 발생

1) 사고 전 스트레스 요인

· 전일 연속 잠수로 인한 피로 누적
· 작업 지연에 따른 시간 압박
· 관리자·현장 간 일정 조율 실패

→ 잠수 전 이미 스트레스 임계점 근접 상태

2) 잠수 중 관찰된 행동과 투쟁-도피 반응 매칭

관찰된 행동	투쟁-도피 반응 해석
호흡 속도 증가	생리적 반응 단계 진입
통신 응답 지연	인지 처리 능력 저하
작업 절차 생략	터널 사고 발생
급상승 시도	도피 반응의 전형적 행동

→ 이 시점에서 잠수사는 이성적 판단 주체가 아님

3) 관리자의 결정 포인트 분석

- 호흡 이상+통신 이상=인양 기준 충족
- 그러나 작업 지속 지시 → 투쟁-도피 반응 심화

사고는 급상승에서 발생한 것이 아니라, **중단하지 않은 결정에서 시작되었다.**

4) 교육적 핵심 교훈

- 투쟁-도피 반응은 사고의 원인이 아니라 **사고의 신호**이다
- 신호를 무시하면, 잠수사는 생존 본능으로 움직인다
- 관리자의 역할은 판단을 대신해 주는 것이다

5) "관리자 교육용 질문"

1. 이 사고에서 첫 번째 인양 시점은 언제였는가?
2. 작업 중단을 망설이게 만든 요소는 무엇이었는가?
3. 동일 상황에서 당신의 결정은 달라질 수 있었는가?

이 질문에 답할 수 있을 때, 관리자는 단순한 책임자가 아니라 **안전 판단자**가 된다.

1-11. 국내 사고 사례 매칭 분석(투쟁-도피 반응)

1) 사고 개요(요약)

- 사고 유형: 항만 구조물 보수 잠수
- 잠수 방식: 공기 공급식(표면 공급)

관리자는 잠수사를 물에 보내는 마지막 사람이다

・환경 조건: 탁수, 협소 공간, 작업 일정 지연

・사고 결과: 잠수사 의식 저하 후 긴급 인양, 후유증 발생

2) 사고 전 스트레스 요인

・작업 일정 압박으로 인한 휴식 부족

・반복된 장비 이상 보고에도 작업 강행 분위기

・관리자 교대 과정에서 정보 전달 미흡

→ 잠수 전 이미 스트레스 누적 상태

3) 잠수 중 행동과 투쟁-도피 반응 매칭

관찰된 행동	투쟁-도피 반응 해석
호흡 빈도 증가	생리적 반응 활성화
통신 짧아짐	인지 처리 능력 저하
작업 고집	터널 사고 진행
장비 이상 무시	투쟁 반응(억지 지속)

4) 관리자 판단 분석

・공기 공급 이상+통신 변화=인양 조건 충족

・그러나 "곧 끝난다"는 판단으로 작업 지속

사고의 직접 원인은 장비 이상이지만, **사고를 확정시킨 것은 중단하지 않은 결정**이었다.

5) 교육적 교훈(국내 사례)

· 국내 사고의 특징은 **작업 일정 압박과 관행**
· 투쟁 반응은 "버티기" 형태로 자주 나타난다
· 관리자는 관행보다 신호를 우선해야 한다

1-12. 해외 사고 사례 매칭 분석(투쟁-도피 반응)

0) 사고 개요(요약)

· 사고 유형: 해저 배관 점검 잠수
· 잠수 방식: 표면 공급식+헬멧 장비
· 환경 조건: 조류 증가, 시야 급감
· 사고 결과: 패닉 발생 후 급상승, 사망

1) 사고 전 스트레스 요인

· 기상 악화 예보에도 일정 유지
· 잠수사 경험 과신
· 관리자-잠수사 간 위험 인식 불일치

→ 잠수 전 위험 인식 왜곡 상태

2) 잠수 중 행동과 투쟁-도피 반응 매칭

관찰된 행동	투쟁-도피 반응 해석
호흡 급격 증가	극단적 생리 반응
반복적 장비 조작	인지 혼란
통신 단절	판단 붕괴
급상승 시도	전형적 도피 반응

3) 관리자 판단 분석

· 통신 이상 발생 시 즉각 인양 지시 미흡

· 잠수사 자율 판단에 과도한 의존

해외 사고의 공통점은, **"숙련자는 버틸 수 있다"**는 착각이다.

4) 교육적 교훈(해외 사례)

· 투쟁-도피 반응은 숙련도를 가리지 않는다

· 자율성은 안전 관리의 대체 수단이 아니다

· 관리자의 조기 개입이 유일한 차단 장치이다

1-13. "이 신호가 보이면 무조건 인양" 관리자 결정 트리

본 결정 트리는 스트레스·투쟁-도피 반응이 **사고로 전이되기 전에 관리자가 개입해야 하는 최소 기준**을 명확히 하기 위한 것이다.

1) 1차 관찰 신호(주의 단계)

다음 중 **하나라도 관찰되면 즉시 경계 상태로 전환**한다.

· 호흡 속도 변화, 불규칙한 호흡

· 통신 응답 지연 또는 단문 응답

· 반복적인 동일 행동, 작업 집착

→ 조치: 작업 목표 축소, 관리자 집중 관찰

2) 2차 복합 신호(인양 결정 단계)

서로 다른 영역에서 **2개 이상 동시 발생 시 즉각 인양**한다.

영역	신호 예시
생리	과호흡, 숨 가쁨, 호흡 조절 실패
인지	지시 오해, 판단 지연, 절차 이탈
행동	급상승 시도, 장비 과잉 조작
통신	응답 단절, 반복 확인 요구

→ **이 단계에서는 설득 · 확인 불필요**

→ 인양은 과잉 대응이 아닌 표준 대응

 관리자는 잠수사를 물에 보내는 마지막 사람이다

3) 관리자 판단 원칙

· 잠수사의 말보다 **징후를 신뢰한다**

· 설명을 기다리지 않는다

· "곧 끝난다"는 표현은 인양 신호다

관리자는 상황을 이해하는 사람이 아니라, **상황을 끝낼 권한과 책임을 가진 사람**이다.

1-14. 법규 기준과 사고 사례의 직접 연결

본 장은 앞서 분석한 사고와 결정 트리가 **법규상 의무와 정확히 일치함**을 명확히 하기 위한 연결 파트이다.

1) 국내 산업안전보건 기준과의 연결

· 잠수 작업 중 이상 징후 발생 시 **즉시 작업 중지 및 안전 조치 의무**

· 관리자의 작업 중지 권한은 재량이 아니라 법적 책임

→ 국내 사고 사례에서 인양 지연은 **법적 기준 미이행 사례**에 해당

2) IMCA 가이드라인과의 연결

□ IMCA는 다음을 명시한다

· 스트레스 징후 관찰 시 작업 목표보다 **잠수사 상태를 우선**

· 통신·호흡 이상은 단독으로도 중단 사유

→ 해외 사고 사례는 IMCA 기준상 **즉각 중단 대상 상황**

3) OSHA 및 국제 기준과의 연결

· OSHA: 잠수사의 생리 · 정신적 이상은 **관리자 개입 사유**
· 숙련도는 위험 허용의 근거가 될 수 없음

→ "숙련자는 버틸 수 있다"는 판단은 국제 기준 위반

4) 종합 결론

사고 사례에서 드러난 모든 판단 실패는, 새로운 기준이 아니라 **이미 존재하는 법규와 가이드라인을 따르지 않은 결과**이다.

법규는 사고 이후 책임을 묻기 위해 존재하는 것이 아니라, **관리자가 사고 이전에 개입하라고 존재한다.**

1-15. 인양 결정 시 관리자 표준 멘트

본 절은 인양 결정 순간, 관리자가 **망설임 없이 · 논쟁 없이** 의사 전달을 하기 위한 표준 문안이다. 이는 설득을 위한 언어가 아니라, **안전 통제를 선언하는 언어**이다.

1) 잠수 중 인양 지시 표준 멘트

· "현재 호흡 및 통신 상태 이상 확인. 즉시 작업 중단하고 인양합니다."
· "작업은 종료합니다. 설명은 수면 후 진행합니다."
· "지금은 판단 단계가 아닙니다. 인양이 우선입니다."

※ 특징: 짧고, 단정하며, 질문형이 아님

2) 잠수사 저항·설명 시 대응 멘트

· "상태 신호가 기준을 초과했습니다. 규정에 따라 인양합니다."

· "지금 계속하면 위험합니다. 판단은 제가 책임집니다."

· "이 결정은 개인 문제가 아니라 안전 절차입니다."

3) 현장·외부 질문 대응 멘트

· "관찰 신호 기준에 따라 인양했습니다."

· "법규 및 내부 기준에 따른 정상 조치입니다."

관리자의 언어는 위로가 아니라 **통제 수단**이다.

1-16. 관리자 판단 기록 서술 예시(조사·법정 대응용)

본 절은 사고 조사, 내부 보고, 법적 검토 과정에서 관리자의 판단이 **객관적·일관되게 기록**되도록 돕기 위한 예시이다.

1) 인양 결정 기록 예시(서술형)

"잠수 중 ○시 ○분경 잠수사의 호흡 불안정과 통신 응답 지연을 확인하였다. 이는 사전 정의된 스트레스 및 투쟁-도피 반응 관찰 기준 중 서로 다른 영역 2개 이상에 해당하므로, 작업 목표와 무관하게 즉시 인양을 지시하였다. 본 결정은 잠수사 보호 및 추가 위험 예방을 위한 정상적인 안전 관리 조치이다."

2) 인양 후 조치 기록 예시

"인양 후 잠수사의 상태를 확인하였으며, 추가 잠수는 중단하였다. 스트레스 요인 및 현장 조건을 기록하고, 동일 조건에서의 작업 재개를 제한하였다."

3) 핵심 기록 원칙

· 감정 표현 배제
· 판단 근거는 **신호 · 기준 · 조치** 순서로 서술
· 결과보다 **결정 시점**을 중심으로 기록

기록은 변명이 아니라, **관리자가 책임을 다했다는 증거**이다.

제2장

관리자 판단 보호 기준 및 스트레스 사고 서사

본 문서는「산업잠수 스트레스 관리 기준」을 전제로 하여, **관리자의 중단·인양 판단을 보호하는 기준 문구와 스트레스 → 투쟁-도피 반응 → 사고로 이어지는 실제형 서사 사례**를 수록하기 위한 확장 문서이다.

이 문서는 출판 본문, 교육 교재, 발주처·감사 대응 자료로 독립적으로 활용할 수 있도록 구성된다.

2-1. 관리자 판단 보호의 필요성

산업잠수 사고 이후 가장 자주 제기되는 질문은 다음과 같다.

· "왜 그때 중단하지 않았는가?"
· "왜 계속 작업을 시켰는가?"
· "관리자가 알고도 방치한 것 아닌가?"

이 질문은 사고 이후에만 등장한다. 그러나 현장에서는 항상 **불완전한 정보와 시간 압박 속에서 판단**이 이루어진다.

따라서 관리자의 판단은 개인의 용기나 책임감이 아니라, **사전에 합의된 기준과 절차에 의해 보호**되어야 한다.

2-2. 관리자 중단 · 인양 판단의 법적 · 조직적 의미

관리자의 중단 결정은 작업 실패가 아니라, **위험 관리 시스템이 정상적으로 작동한 결과**이다.

다음과 같은 원칙이 명확히 문서화되어야 한다.

· 중단 · 인양은 위험 회피 행위이다
· 기준에 따른 중단은 정당한 관리 행위이다
· 결과와 무관하게 판단 과정이 평가 대상이다

기준에 따라 중단한 관리자는, 결과가 아닌 판단의 적절성으로 평가받아야 한다.

2-3. 관리자 판단 보호 기준 문구

다음 문구는 현장 기준서, 작업계획서, 안전관리계획, 사고 보고서, 발주처 제출 문서에 그대로 삽입 · 활용할 수 있도록 구성된 **관리자 판단 보호용 표준 문안**이다.

이 문구의 목적은 관리자 개인의 주관적 판단을 방어하는 것이 아니라, **사전에 합의된 시스템적 판단 기준이 정상적으로 작동했음을 명시하는 것**이다.

1) 중단 · 인양 권한 명시 문구

본 작업에서 현장 관리자는 잠수사의 생리적 · 심리적 안전 여유가 감소하거나, 스트레스 징후 및 투쟁-도피 반응이 의심 · 관찰될 경우, 작업 진행 여부 · 공정 달성 여부 · 일정 지연과 무관하게 즉시 작업을 중단하고 인양을 지시할 **최종 권한과 책임**을 가진다.

본 권한은 잠수사의 주관적 상태 보고나 작업 의지와 관계없이 행사될 수 있으며, 이는 관리자 의 재량이 아닌 **사전에 규정된 안전 관리 절차의 일부**이다.

관리자는 잠수사를 물에 보내는 마지막 사람이다

2) 과잉 대응 오해 방지 문구

본 기준에 따른 작업 중단 및 인양 결정은 위험 발생 이후의 대응이 아니라, 위험 징후 단계에서 시행되는 **예방적 관리 조치**로 간주한다.

잠재적 위험이 결과로 이어지지 않았더라도, 해당 중단·인양 결정은 과잉 대응, 소극적 관리, 작업 회피로 평가하지 않는다.

3) 판단 근거 보호 문구

관리자의 중단·인양 판단은 단일 신호가 아닌 복수의 관찰 요소(호흡, 통신, 행동, 환경, 장비 상태)를 종합적으로 고려하여 이루어진다.

이 판단은 현장 상황에서 합리적으로 인지 가능한 정보에 근거하며, 사후에 확인되는 결과 정보를 기준으로 소급 평가하지 않는다.

4) 결과 분리 평가 문구

본 작업에서 발생한 일정 지연, 공정 변경, 작업 중단의 결과는 관리자의 판단 적절성과 분리하여 평가한다.

사고 미발생은 우연이 아니라, 중단·인양 판단이 적시에 이루어졌음을 의미하는 관리 성과로 간주한다.

5) 책임 전가 방지 문구

본 기준에 따라 이루어진 중단·인양 결정에 대해서는 관리자 개인에게 민·형사상 또는 조직 내부의 책임을 전가하지 않는다.

해당 판단은 개인의 단독 결정이 아닌, 조직이 승인한 안전관리 체계가 작동한 결과로 해석한다.

6) 기록 연계 문구(보고서용)

본 판단은 「산업잠수 스트레스 관리 기준」 및 「관리자 판단 보호 기준」에 따라 시행되었으며, 관찰 신호, 판단 시점, 조치 내용은 기록으로 남긴다.
본 기록은 결과 보고가 아닌, 관리 행위의 적정성을 입증하기 위한 절차 기록이다.

7) 교육 · 감사 대응용 종합 문구

관리자는 사고를 설명하는 사람이 아니라, 사고가 발생하지 않도록 중단을 결정하는 사람이다.
본 기준에 따른 중단 · 인양 판단은 현장 안전 관리자의 본질적 역할이며, 조직은 이를 보호하고 존중한다.

8) 관리자 판단 보호 기준×IMCA/OSHA 1:1 대응 비교

아래 표는 본 문서의 **관리자 판단 보호 표준 문안**이 국제 기준(IMCA, OSHA)과 어떻게 직접적으로 대응되는지를 보여 준다. 이는 관리자 판단이 개인 재량이 아니라 **국제 안전 기준의 실행 결과**임을 명확히 하기 위한 것이다.

① 중단 · 인양 권한
- **본 문안**: 관리자는 스트레스 · 투쟁-도피 반응 의심 시 즉시 중단 · 인양 권한을 가진다.
- **IMCA**: Supervisor has authority to stop the dive at any time if diver safety is in doubt.
- **OSHA**: The dive supervisor shall terminate the dive whenever unsafe conditions develop.

→ 중단 권한은 선택이 아니라 감독자의 의무로 규정됨

② 단일 신호에 대한 중단 정당성
- **본 문안**: 단일 생리 · 통신 신호도 예방적 중단 사유가 된다.

· **IMCA**: Any abnormal breathing, communication or behavior is sufficient cause to stop work.

(호흡, 의사소통 또는 행동에 이상이 있을 경우, 이는 작업을 중단하기에 충분한 사유가 된다.)

· **OSHA**: Loss or impairment of voice communication requires termination of the dive.

(음성 통신이 상실되거나 정상적으로 이루어지지 않을 경우, 잠수를 즉시 종료해야 한다.)

→ '복합 신호 확인 후'가 아니라 '이상 발생 즉시' 중단

③ 잠수사 의사와 무관한 판단

· **본 문안**: 잠수사의 작업 의지와 관계없이 중단 가능하다.

· **IMCA**: Diver willingness to continue shall not override supervisor's safety decision.

(잠수사가 작업을 계속하겠다는 의사를 표시하더라도, 감독자의 안전 결정이 이를 우선한다.)

· **OSHA**: The supervisor's responsibility is independent of the diver's consent.

(감독자의 책임은 잠수사의 동의와 관계없이 독립적으로 적용된다.)

→ "괜찮다"는 발언은 판단 근거가 될 수 없음

④ 결과와 판단의 분리

· **본 문안**: 사고 미발생 여부와 판단 적절성은 분리 평가한다.

· **IMCA**: Preventive termination is considered a positive safety outcome.

(예방을 목적으로 한 작업 종료는 바람직한 안전 조치로 평가된다.)

· **OSHA**: No penalty shall result from termination made for safety reasons.

(안전을 이유로 한 종료 조치에 대해서는 처벌이나 불이익이 발생하지 않는다.)

→ 사고가 없었기 때문에 중단이 불필요했다는 평가는 국제 기준 위반

⑤ 책임 전가 방지

· **본 문안**: 기준에 따른 중단에 개인 책임을 전가하지 않는다.
· **IMCA**: Responsibility rests with the diving contractor's safety management system.
  (책임은 잠수 시공업체의 안전관리체계에 귀속된다.)
· **OSHA**: Employer is responsible for establishing and enforcing safe diving practices.
  (사용자는 안전한 잠수 작업 기준을 수립하고 이를 철저히 준수·집행할 책임을 진다.)

→ *중단 판단은 개인 실수가 아니라 시스템 작동 결과*

⑥ 기록의 목적

· **본 문안**: 기록은 결과 보고가 아닌 판단 적정성 입증이다.
· **IMCA**: Records shall demonstrate compliance with safety procedures.
  (기록은 안전 절차가 준수되었음을 명확히 보여 주어야 한다.)
· **OSHA**: Records are required to verify adherence to supervisory duties.
  (기록은 감독자의 직무 수행이 적절히 이행되었음을 검증하기 위해 필요하다.)

→ *기록은 변명이 아니라 관리 행위의 증거*

9) 결론 문구

본 문서의 관리자 판단 보호 기준은 국내 관행이 아니라 IMCA·OSHA 국제 기준을 현장 언어로 번역한 실행 기준이다.

관리자가 중단을 결정했을 때 보호받지 못한다면, 그것은 관리자의 문제가 아니라 국제 기준을 따르지 않은 조직의 문제이다.

관리자는 사고를 설명하는 사람이 아니라, 사고가 발생하지 않도록 중단을 결정하는 사람이다.

     관리자는 잠수사를 물에 보내는 마지막 사람이다

본 기준에 따른 중단·인양 판단은 현장 안전 관리자의 본질적 역할이며, 조직은 이를 보호하고 존중한다.

2-4. 스트레스 누적 사고 서사

본 사례는 산업잠수 현장에서 반복적으로 나타나는 **스트레스의 점진적 누적**이 어떻게 판단 지연으로 이어지고, 결국 사고 위험을 증폭시키는지를 설명하기 위한 교육용 서사이다.

※ 본 서사에는 각 단계별로 **국내 기준/IMCA/OSHA 관점의 한 줄 주석**이 병기되어 있다. 이는 사고를 개인의 실수로 해석하는 것을 방지하고, 관리자의 판단 시점을 기준으로 재구성하기 위함이다.

잠수사는 연속된 작업 일정과 환경 조건 속에서 이미 심리적·신체적 긴장을 안고 현장에 투입되었다. 그러나 잠수 전 브리핑 단계에서는 명확한 이상 징후가 드러나지 않았고, 관리자는 이를 일반적인 피로 수준으로 인식한 채 작업을 승인하였다.

▶ **[국내 기준 주석]** 잠수 전 심리·피로 상태에 대한 정성적 확인은 이루어졌으나, 중단 기준으로 연결되지는 않음

▶ **[IMCA 주석]** Pre-dive stress indicators should be considered part of the supervisor's risk assessment
(잠수 전 스트레스 징후는 감독자의 위험성 평가의 일부로 간주되어야 한다.)

▶ **[OSHA 주석]** Supervisor must evaluate diver fitness immediately prior to the dive
(감독자는 잠수 개시 직전에 잠수사의 잠수 적합성을 평가해야 한다.)

잠수 중 통신은 점차 짧아졌고, 호흡 패턴에는 미세한 변화가 나타났다. 작업 속도는 빨라졌다가 갑자기 느려지는 불균형을 보였으나, 각 신호는 단독으로 해석되며 즉각적인 중단 판단으로 이어지지 않았다. 관리자는 '아직은 관리 가능한 범위'라고 판단했고, 잠수사는 본능적으로 작업을

계속하려는 반응을 보였다.

- ▶ **[국내 기준 주석]** 단일 신호로는 중단 판단을 유보하는 관행이 작동함
- ▶ **[IMCA 주석]** Any abnormal breathing or communication is sufficient reason to stop the dive.
  (호흡이나 의사소통에 어떠한 비정상이 확인되면 즉시 잠수를 중단해야 한다.)
- ▶ **[OSHA 주석]** Impairment of voice communication requires termination of the dive.
  (음성 의사소통에 장애가 발생할 경우 잠수는 종료되어야 한다.)

이후 예상치 못한 환경 변화가 발생하자 잠수사의 판단은 급격히 본능 중심으로 전환되었다. 관리자가 인양을 지시했을 때는 이미 스트레스가 충분히 누적된 상태였고, 판단 여유와 대응 능력은 크게 감소해 있었다.

- ▶ **[국내 기준 주석]** 사후적으로 '조금 늦은 중단'으로 평가되는 구간
- ▶ **[IMCA 주석]** Delay in termination increases risk even if final decision is correct.
  (최종 판단이 정확하더라도 잠수 종료가 지연될 경우 위험성은 커진다.)
- ▶ **[OSHA 주석]**Supervisor shall act at the first sign of unsafe condition, not after escalation.
  (감독자는 위험 조건이 확대된 이후가 아닌, 최초 징후가 나타나는 즉시 행동해야 한다.)

사고 이후에는 "왜 더 일찍 중단하지 않았는가"라는 질문이 남았지만, 당시 현장에는 스트레스 누적을 체계적으로 인식하고 판단을 보호해 줄 명확한 기준이 존재하지 않았다.

- ▶ **[국내 기준 주석]** 판단 기준 부재 시 책임이 개인에게 귀속됨
- ▶ **[IMCA 주석]** Absence of documented criteria exposes supervisors to retrospective blame.
  (명확하게 문서화된 기준이 부재하면, 감독자는 사후적으로 책임을 전가받을 위험이 있다.)
- ▶ **[OSHA 주석]** Employer must establish clear procedures to support supervisory decisions.
  (고용주는 감독자의 의사결정을 지원하기 위한 명확한 절차를 마련해야 한다.)

이 서사의 목적은 책임을 묻는 데 있지 않다. 핵심은 스트레스가 **어느 단계에서 신호를 보내고 있었는지**, 그리고 관리자가 **어느 시점에서 개입했어야 했는지**를 이해하는 데 있다.

2-5. 관리자 판단 체크 플로우

"이 신호가 보이면 무조건 인양" 기준과의 직접 연결

본 판단 체크 플로우는 앞서 제시된 **"이 신호가 보이면 무조건 인양" 결정 원칙**을 현장에서 즉시 적용할 수 있도록 구조화한 실행 흐름이다.

즉, 플로우의 각 단계는 다음 질문에 답하도록 설계되어 있다.

- 지금 이 신호는 **관찰 대상인가, 인양 대상인가**
- 추가 확인이 필요한 상태인가, **지체 없이 종료해야 하는 상태인가**

이 연결 구조를 통해 관리자는 "아직은 괜찮다"라는 주관적 판단이 아니라, **사전에 합의된 신호-행동 매칭 기준**에 따라 움직이게 된다.

무조건 인양으로 직결되는 핵심 신호(요약)

다음 신호 중 **하나라도 명확히 관찰될 경우**, 관리자는 추가 판단 없이 즉시 인양 절차를 개시한다.

- 호흡 통제 상실, 과호흡 지속, 숨 고르기 불가
- 음성 통신 단절, 의미 없는 반복 발화, 응답 지연
- 방향 감각 상실, 작업 지시 미이행
- 장비 이상으로 인한 작업 수행 불가 상태
- 공포·혼란·초조가 행동으로 표출되는 경우

이 신호들은 "위험 가능성"이 아니라 **이미 안전 여유가 무너졌음을 의미하는 종료 신호**이다.

국제 기준과의 1:1 연결(판단 근거 고정)

· **IMCA**: Any abnormal breathing, communication or behavior is sufficient cause to terminate the dive.

(호흡·의사소통·행동 중 어떠한 비정상도 확인되면 즉시 잠수를 종료해야 한다.)
· **OSHA**: The dive supervisor shall terminate the dive whenever unsafe conditions develop.

(위험한 조건이 발생할 경우, 잠수 감독자는 언제든지 잠수를 종료해야 한다.)

→ 위 기준은 추가 확인이나 잠수사 동의를 요구하지 않는다.
→ 관찰 즉시 종료가 감독자의 의무임을 명시한다.

플로우 단계와 인양 기준의 연결 요약

· **1단계 관찰**에서 위 신호 중 하나라도 명확할 경우 → 즉시 3단계(결정)로 이동
· **2단계 확인**은 경계 신호에 한해 적용되며, 무조건 인양 신호에는 적용되지 않는다
· **3단계 결정**에서의 인양은 재량이 아니라 기준 이행이다

판단을 멈추는 것이 아니라, **판단을 끝내는 기준이 이미 정해져 있는 것**이다.

본 플로우는 현장 관리자가 **경험·직감·압박**이 아닌, 관찰 가능한 신호와 기준 언어에 따라 판단하도록 설계된 **현장 적용용 의사결정 흐름**이다.

이 플로우의 목적은

· 판단을 빠르게 하기 위함이 아니라
· 판단을 **보호 가능하게 만들기 위함**이다.

① 1단계: 관찰(Observe)

관리자는 다음 영역을 **동시에** 관찰한다.

· **호흡**: 호흡 빈도 증가, 불규칙, 과호흡, 숨 고르기 지연
· **통신**: 단답화, 응답 지연, 질문 반복, 불필요한 말 증가
· **행동**: 작업 속도 급변, 불필요한 동작, 방향 상실
· **환경**: 시야 악화, 유속·파랑 변화, 장비 저항 증가
· **장비**: 공기 공급 압력 변화, 소음, 이상 진동

▶ **이상 징후 없음** → 작업 지속 가능(지속 관찰)
▶ **단일 영역 이상** → 2단계로 이동

② 2단계: 확인(Verify)

다음 중 하나라도 충족되면 중단 판단 단계로 이동한다.

· 서로 다른 영역에서 **2개 이상 징후 동시 발생**
· 동일 영역 징후의 **반복·지속**
· 잠수사의 불안·혼란·초조 표현

이 단계에서 관리자는 잠수사의 의지·요청·경험을 **판단 근거로 사용하지 않는다.**

▶ 조건 충족 → 3단계로 이동

▶ 조건 미충족 → 관찰 강화 후 제한적 작업 지속

③ 3단계: 결정(Decide)

관리자는 다음 중 하나를 즉시 결정한다.

· 작업 목표 **축소**

· 작업 **즉시 중단**

· **인양 절차 개시**

이 결정은 재량이 아니라 사전에 합의된 **관리 행위**이다. 이 단계에서의 중단은 과잉 대응이 아니라 기준 이행이다.

④ 현장 핵심 원칙 요약

· 관찰 없는 판단은 보호받지 못한다

· 확인 없는 지속은 위험을 키운다

· 결정이 늦어질수록 선택지는 줄어든다

관찰-확인-결정의 흐름을 따른 판단은, 결과와 무관하게 정당하다.

2-5-A. 감사 대응용 Q&A: "왜 이 시점에서 중단했는가?"

본 Q&A는 사고 이후 감사·조사·발주처 질의에 대비하여, 관리자의 중단·인양 판단을 **기준 중심으로 설명**하기 위한 표준 대응 문안이다. 개인의 소견이나 결과 중심 해석을 배제하고, 관찰-기준-조치의 논리로 답변하도록 설계되어 있다.

Q1. 왜 그 시점에서 작업을 중단했습니까?

A. 해당 시점에서 잠수사의 **호흡 변화와 통신 단답화**가 동시에 관찰되었으며, 이는 본 기준서에서 규정한 **무조건 인양 신호**에 해당합니다. IMCA 및 OSHA 기준에 따라, 이러한 신호는 추가 확인 없이 즉시 작업 종료 및 인양을 요구합니다.

Q2. 잠수사는 작업 지속 의사를 밝혔는데, 왜 이를 반영하지 않았습니까?

A. 스트레스 및 투쟁-도피 반응이 의심되는 상황에서 잠수사의 의지 표명은 **상태 보고가 아닌 방어 반응**일 수 있습니다. 국제 기준(IMCA/OSHA)은 잠수사의 동의 여부와 무관하게 감독자가 독립적으로 종료 결정을 내려야 함을 명시하고 있습니다.

Q3. 단일 신호만으로 중단한 것은 과잉 대응 아닌가요?

A. 아닙니다. IMCA는 **단일 이상 신호만으로도 작업 중단이 정당**하다고 규정합니다. 본 판단은 결과 예방을 위한 조치이며, 사고가 발생하지 않았다는 사실은 중단이 불필요했다는 의미가 아니라 **중단이 제때 이루어졌다는 관리 성과**로 해석됩니다.

Q4. 왜 조금 더 관찰하지 않고 즉시 인양을 결정했습니까?

A. '무조건 인양 신호'는 관찰 단계가 아닌 **종료 단계 신호**입니다. 해당 신호에 대해 추가 관찰을

선택하는 것은 국제 기준상 허용되지 않는 판단 지연에 해당합니다.

Q5. 이 판단에 대한 근거는 어떻게 기록되어 있습니까?

A. 관찰된 신호(호흡, 통신), 판단 시점, 적용 기준 문구, 그리고 시행한 조치가 시간 순서대로 기록되어 있습니다. 이 기록은 결과 보고가 아닌, **관리 판단의 적정성을 입증하기 위한 절차 기록**입니다.

Q6. 이 판단으로 인한 일정 지연의 책임은 누구에게 있습니까?

A. 기준에 따른 중단·인양 결정은 개인 관리자 책임이 아니라 **조직의 안전관리 체계가 작동한 결과**입니다. IMCA와 OSHA 모두 안전을 위한 종료 결정에 대해 불이익이나 책임 전가를 금지하고 있습니다.

감사 대응 핵심 문장(요약)

본 중단·인양 판단은 개인의 주관적 결정이 아니라, 사전에 문서화된 기준과 국제 안전 규정에 따른 정상적인 관리 행위였다.

2-6. 동일 사고의 다른 결말(관리자 개입 시나리오)

본 시나리오는 앞선 사고 사례와 **동일한 작업 조건·환경·인력 구성**에서, 관리자가 기준에 따라 **조기에 개입했을 경우** 사고의 전개가 어떻게 달라지는지를 단계별로 보여 주기 위한 교육용 서사이다.

이 시나리오의 목적은 "결과가 달라졌는가"가 아니라, **관리자가 어느 시점에서, 어떤 근거로 개입했는지**를 명확히 하는 데 있다.

     관리자는 잠수사를 물에 보내는 마지막 사람이다

사고 서사 vs 관리자 개입 시나리오 대조표(핵심 비교)

구분	스트레스 누적 사고 서사(4번)	관리자 개입 시나리오(6번)
잠수 전	피로·압박 인식은 있었으나 중단 기준과 연결되지 않음	스트레스 민감 작업으로 사전 분류, 관찰 항목 지정
초기 신호	통신 단답화·호흡 변화가 개별적으로 해석됨	초기 신호를 스트레스 반응으로 인식, 관찰 강화
판단 전환점	"아직은 가능"이라는 주관 판단 유지	무조건 인양 신호 확인 즉시 기준 이행
잠수사 반응	본능적으로 작업 지속, 관리자의 판단 지연	잠수사 의사와 무관하게 인양 지시 유지
개입 시점	환경 악화 이후 늦은 중단	환경 악화 이전 조기 개입
결과	사고 위험 증폭, 사후 책임 추궁	사고 미발생, 판단 과정 보호
사후 평가	개인 판단 실패로 해석	기준에 따른 정상적 관리 행위로 평가

핵심 차이는 결과가 아니라 '개입 시점과 기준 존재 여부'이다.

제3장

산업잠수 안전관리 기준
(세부 체크리스트 강화)

본 문서는 산업잠수 현장의 사고 예방과 안전관리 체계 구축을 위해 **세부 체크리스트에 강조, 색상, 중요도 표시**를 포함한 관리 기준서로 구성되었다.

3-1. 안전관리 목적

중요도: ★★★★★

1. 잠수사의 생명과 건강 보호
2. 작업 중 사고 예방과 위험 최소화
3. 관리자의 책임과 권한 명확화
4. 사고 발생 시 신속하고 정확한 대응 가능

3-2. 안전관리 책임

1) 관리자(중요도: ★★★★★, 강조: 붉은색)

· 작업 계획 수립 및 위험 평가
· 잠수사 건강 상태 확인
· 장비 점검 및 운용 감독
· 이상 발생 시 즉각 조치

관리자는 잠수사를 물에 보내는 마지막 사람이다

2) 잠수사(중요도: ★★★★, 강조: 주황색)

· 건강 상태 및 이상 징후 보고
· 장비 점검 및 사용 지침 준수
· 관리자 지시 준수
· 동료 잠수사와 상호 확인

3) 위험 요소 평가(중요도: ★★★★★, 강조: 붉은색)

· 수중 환경 위험(조류, 시정, 수온, 장애물 등)
· 작업 난이도 및 장비 사용 위험
· 잠수사 상태 및 스트레스 지표
· 비상 상황 대비(공기 공급, 통신, 인양 계획)

3-3. 안전관리 절차

1) 잠수 전(중요도: ★★★★★, 강조: 붉은색)

· 건강 체크 및 준비 운동
· 장비 점검(공기 공급, 통신, 장비 상태)
· 작업 브리핑 및 비상 대응 시나리오 공유
· 스트레스 체크리스트 확인(캔버스 A 내용 활용)

2) 잠수 중(중요도: ★★★★★, 강조: 붉은색)

· 실시간 상태 모니터링
· 징후 발견 시 즉각적 조치

· 통신 유지 및 공기 공급 관리

· 스트레스 및 이상 행동 관찰 기록

3) 잠수 후(중요도: ★★★★, 강조: 주황색)

· 장비 회수 및 상태 점검

· 잠수사 상태 확인 및 휴식 보장

· 작업 기록 및 스트레스 평가 기록

· 사고 발생 시 보고 및 사후 분석

3-4. 세부 체크리스트(관리자용)

1) 잠수 전 점검

항목	확인 여부	중요도	강조
잠수사 건강 상태 확인(수면, 피로, 질병 등)	[　　]	★★★★★	붉은색
장비 점검: 공기 공급 장치	[　　]	★★★★★	붉은색
장비 점검: 통신 장치	[　　]	★★★★★	붉은색
장비 점검: 부력 장치 및 안전장비	[　　]	★★★★	주황색
작업 브리핑: 잠수 목표 및 범위 확인	[　　]	★★★★	주황색
작업 브리핑: 비상 대응 시나리오 공유	[　　]	★★★★★	붉은색
스트레스 체크리스트 확인	[　　]	★★★★★	붉은색

2) 잠수 중 모니터링

항목	확인 여부	중요도	강조
호흡 상태 관찰(속도, 불규칙 여부)	[　]	★★★★★	붉은색
통신 상태 점검(응답, 단답/지연 여부)	[　]	★★★★★	붉은색
행동 이상 징후 확인(작업 속도, 장비 조작, 계획 이탈)	[　]	★★★★★	붉은색
비상 상황 발생 시 대응 준비(공기 공급, 인양)	[　]	★★★★★	붉은색

3) 잠수 후 점검

항목	확인 여부	중요도	강조
장비 회수 및 상태 점검	[　]	★★★★	주황색
잠수사 상태 확인(피로, 이상 징후, 스트레스 반응)	[　]	★★★★★	붉은색
작업 기록 작성 및 기록 유지	[　]	★★★★	주황색
사고/이상 발생 시 보고 및 사후 분석	[　]	★★★★★	붉은색

4) 교육 · 훈련 체크

대상	확인 여부	중요도	강조
관리자: 위험 평가, 판단 기준, 인양 절차, 사고 대응	[　]	★★★★★	붉은색
잠수사: 스트레스 징후 인식, 장비 사용, 비상 대응 훈련	[　]	★★★★★	붉은색
정기 교육 및 모의 훈련 수행 여부	[　]	★★★★	주황색

※ 본 체크리스트는 스트레스 관리 기준과 연계하며, 잠수 전·중·후 단계별 안전관리 절차와 교육 훈련 준수를 보장한다.

강조 색상 및 중요도는 현장 관리자가 즉각적으로 우선 순위를 인식하도록 설계됨.

제4장

산업잠수 관련 법규 체크리스트

본 체크리스트는 산업잠수 현장에서 국내·국제 법규를 준수하고, 안전관리 절차와 연계하여 즉시 활용할 수 있도록 구성하였다.

4-1. 국내 법규 체크리스트

1) 산업안전보건법

항목	확인 여부	중요도	강조
안전관리자 지정 여부	[ ]	★★★★★	붉은색
위험성 평가 수행	[ ]	★★★★★	붉은색
작업 전 안전교육 실시	[ ]	★★★★★	붉은색
잠수사 건강검진 완료	[ ]	★★★★★	붉은색
작업 기록 유지	[ ]	★★★★	주황색
비상 대응 계획 작성	[ ]	★★★★★	붉은색

관리자는 잠수사를 물에 보내는 마지막 사람이다

2) 잠수작업 안전기준(고용노동부 고시)

항목	확인 여부	중요도	강조
수심 및 작업 시간 준수	[ ]	★★★★★	붉은색
휴식 시간 확보	[ ]	★★★★	주황색
장비 기준 준수	[ ]	★★★★★	붉은색
공기공급 및 통신 장치 점검	[ ]	★★★★★	붉은색
관리자 및 잠수사 역할 명확화	[ ]	★★★★★	붉은색

3) 해양수산 관련 법규

항목	확인 여부	중요도	강조
해양 작업 허가 취득 여부	[ ]	★★★★★	붉은색
장비 및 안전 장치 규정 준수	[ ]	★★★★★	붉은색
통신 체계 점검	[ ]	★★★★	주황색

4-2. 국제 규정 체크리스트

1) IMCA

항목	확인 여부	중요도	강조
안전 지침 준수 여부	[ ]	★★★★★	붉은색
장비 기준 준수	[ ]	★★★★★	붉은색
관리자/잠수사 역할 규정 준수	[ ]	★★★★★	붉은색
사고 예방 및 리스크 관리 절차 준수	[ ]	★★★★★	붉은색

2) OSHA(미국)

항목	확인 여부	중요도	강조
Commercial Diving Regulations 준수	[ ]	★★★★★	붉은색
작업 환경 및 장비 기준 준수	[ ]	★★★★★	붉은색
공기공급 및 비상 절차 준수	[ ]	★★★★★	붉은색

3) ISO 기준

항목	확인 여부	중요도	강조
ISO 24801, 24802 교육 기준 준수	[ ]	★★★★★	붉은색
장비 인증 기준 준수	[ ]	★★★★★	붉은색
국제 구조 및 비상 대응 절차 준수	[ ]	★★★★★	붉은색

4-3. 현장 적용 포인트

· 국내 법규 우선 준수, 국제 규정은 강화 기준으로 적용

· 체크리스트 기반으로 안전관리 절차 수립 및 검토

· 사고 발생 시 법규 준수 여부가 책임 판단 근거로 사용

본 체크리스트는 산업잠수 스트레스 관리 및 안전관리 체크리스트와 함께 사용되어, 안전성과 법규 준수 모두를 확보하도록 설계되었다.

제5장

산업잠수 관련 법규 및 사고 사례

본 문서는 산업잠수 현장에서 관리자와 잠수사가 반드시 이해하고 적용해야 하는 국내 및 국제 법규를 정리하고, 법규 적용과 관련된 교육용 사고 사례를 포함한 문서이다.

5-1. 서론

산업잠수 현장은 높은 위험을 수반하며, 법규 준수는 단순한 형식적 절차가 아니라 **잠수사의 생명과 안전을 지키는 핵심 수단**이다. 관리자와 잠수사는 법규를 숙지하고, 이를 실제 작업에 즉시 적용할 책임이 있다.

5-2. 국내 법규

1) 산업안전보건법

잠수 작업은 산업안전보건법 적용 대상이다. 안전관리자 지정, 위험성 평가, 작업 전 안전교육, 잠수사 건강검진, 작업 기록 유지, 비상 대응 계획 작성이 필수이다.

한 현장에서 관리자 미지정 상태로 잠수 작업이 진행되었고, 장비 이상 발생 시 대응이 늦어 잠수사가 위험에 노출되었다. 사고 조사에서 산업안전보건법 미준수가 확인되었으며, 이는 관리자 책임 판단의 근거가 되었다.

2) 잠수작업 안전기준(고용노동부 고시)

수심, 작업 시간, 휴식, 장비 기준 등 세부 안전 규정을 제시한다. 공기 공급 장치, 통신 장치, 인양 절차 등 관리자와 잠수사의 역할과 책임을 명확히 규정한다.

□ 사고 사례

장비 점검을 소홀히 한 결과, 공기 공급 압력 변동이 발생했고, 잠수사는 통신 단절로 위험한 상황을 경험했다. 이후 안전기준을 준수하지 않은 점이 확인되어, 교육 강화와 절차 개선이 이루어졌다.

3) 해양수산 관련 법규

해양환경관리법, 선박안전법 등 잠수 장비와 작업 허가, 안전 장치 사용을 규정한다. 현장 작업 허가와 통신·안전 장비 규정 준수는 필수이다.

□ 사고 사례

허가 없는 지역에서 작업을 시도하다가 해류와 장애물로 인한 사고 발생. 법규 위반이 직접적인 사고 원인으로 지적되었다.

5-3. 국제 규정

1) IMCA(International Marine Contractors Association)

산업잠수 안전 지침, 장비 기준, 관리자/잠수사 역할, 사고 예방 및 리스크 관리 절차를 제시한다.

□ 사고 사례
국제 프로젝트에서 IMCA 지침을 참고하지 않고 작업을 진행, 장비 관리 미흡으로 잠수사 스트레스 및 안전사고 발생. 규정 준수의 중요성이 재확인되었다.

2) OSHA(미국 직업안전보건국)

Commercial Diving Regulations(29 CFR 1910 Subpart T)을 적용하며, 작업 환경, 공기공급, 비상 절차 등 세부 규정을 제공한다.

□ 사고 사례
OSHA 규정의 공기공급 점검을 누락, 급격한 압력 변화로 잠수사가 위험에 노출됨. 이후 점검 절차를 교육 자료로 활용.

3) ISO 기준

ISO 24801, ISO 24802 등 잠수 안전 교육, 장비 인증, 국제 구조 및 비상 대응 절차 기준을 제시한다.

□ 사고 사례
ISO 교육 기준 미준수로 잠수사가 비상 대응 절차를 잘못 수행, 인양 과정에서 추가 위험 발생. 국제 기준 준수 필요성 강조.

5-4. 현장 적용 및 교육 포인트

· 국내 법규 준수 우선, 국제 기준은 강화 기준으로 적용한다.

· 관리자와 잠수사는 법규를 기반으로 안전관리 절차를 수립하고 교육을 수행한다.

· 사고 발생 시 법규 준수 여부가 책임 판단의 근거가 된다.

· 교육 시 사례를 통해 법규 적용과 위반 시 결과를 학습하여, 실제 현장 적용력을 높인다.

※ 본 문서는 산업잠수 스트레스 관리 및 안전관리 체크리스트와 연계하여 사용하면, 현장 안전과 법규 준수 모두를 강화할 수 있다.

제6장

산업잠수 안전 사고관리

6-1. 스트레스와 사고관리의 연속성

산업잠수 현장에서의 안전 사고관리는 사고가 발생한 이후에만 적용되는 대응 절차가 아니다. 그것은 잠수사가 물에 들어가기 전부터 시작되어, 잠수 중 스트레스가 어떻게 형성되고 누적되며, 그 스트레스가 언제 판단 능력을 침식하여 사고 단계로 전환되는지를 이해하는 데서 출발한다. 산업잠수에서 스트레스는 단순한 심리적 불편이나 긴장 상태가 아니라, **사고로 이어질 가능성을 미리 드러내는 가장 초기의 위험 신호**이며, 관리자가 반드시 읽어 내야 할 정보이다.

스트레스의 원인, 유형, 그리고 잠수 전·중·후 단계별 스트레스 발견법과 대처법은 모두 사고 발생 이전 단계에서 위험을 차단하기 위한 예방적 안전관리 체계이다. 이 단계에서 스트레스를 인지하고 억제할 수 있다면, 패닉, 판단 붕괴, 조작 오류와 같은 중대 사고로의 전이를 충분히 막을 수 있다. 즉, 스트레스 관리는 사고관리의 사전 단계이자, 가장 효과적인 사고 예방 수단이다.

그러나 모든 현장이 이상적으로 통제되는 것은 아니다. 환경 변화가 갑작스럽게 발생하거나, 통신 장애·시야 상실·동료 분리와 같은 요인이 겹칠 경우, 스트레스는 짧은 시간 안에 급격히 증폭될 수 있다. 이때 스트레스 통제가 실패하면 상황은 더 이상 예방의 영역에 머물지 않으며, 관리자는 즉시 **사고관리 단계로 전환**해야 한다.

6-2. 스트레스 통제 실패 이후 사고관리의 본질

스트레스가 패닉이나 사고 단계로 진행된 이후의 안전관리는, 더 이상 '스트레스를 줄이는 방법'을 고민하는 과정이 아니다. 이 시점에서 관리자의 역할은 명확하다. 현장의 혼란을 통제하고, 생명을 보호하며, 추가 사고를 방지하기 위한 판단을 실행하는 것이다. 즉, 사고관리는 기술 이전에 **결정의 문제**이며, 관리자의 판단이 현장의 방향을 좌우한다.

사고관리 단계에서 관리자는 다음과 같은 책임을 동시에 짊어진다. 첫째, 사고자뿐 아니라 구조에 투입되는 다이버와 현장 인원 전체의 안전을 고려해야 한다. 둘째, 제한된 정보와 시간 압박 속에서도 탐색, 인양, 구조 지속 여부를 판단해야 한다. 셋째, 자신의 능력과 현장 자원의 한계를 정확히 인식하고, 필요하다면 외부 구조 체계나 전문 의료 지원으로 즉시 이관해야 한다.

이 과정에서 중요한 것은 '끝까지 해내려는 의지'가 아니다. 오히려 관리자는 **지금 이 판단이 더 큰 위험을 만들고 있는지, 아니면 위험을 차단하고 있는지**를 끊임없이 자문해야 한다. 사고관리란 용기나 희생정신의 문제가 아니라, 사전에 학습되고 합의된 기준을 차분히 실행하는 전문적 관리 행위이다.

6-3. 국제 기준(IMCA · OSHA)과의 직접 연결

국제 산업잠수 안전 기준 역시 스트레스 누적과 판단 붕괴를 명확한 사고 전 단계로 규정하고 있으며, 관리자의 조기 개입 의무를 반복적으로 강조한다.

- **IMCA(Diving Supervisor's Responsibilities)**에서는, 잠수사의 신체 · 정신 상태가 정상적인 작업 수행에 부적합하다고 판단되는 순간, 감독자는 즉시 작업을 중지시키고 잠수를 종료할 권한과 책임이 있다고 명시한다. 이는 사고가 발생했는지 여부와 무관하게, *스트레스 징후 자체가 개입의 충분한 근거가 된다*는 의미이다.
- **OSHA(Commercial Diving Operations)** 역시, 잠수 중 비정상적인 행동, 통신 이상, 작업 반응 저하가 관찰될 경우 이를 위험 상태로 간주하며, 관리자는 추가 확인 이전에 작업 중단 및 인양

조치를 취하도록 요구한다. 여기서 OSHA는 결과가 아닌 *판단 시점의 합리성*을 관리 책임의 핵심 기준으로 본다.

이 두 기준은 공통적으로 다음 한 문장으로 요약될 수 있다.

> "사고가 발생했기 때문에 개입하는 것이 아니라,
> 사고로 이어질 가능성이 보이는 순간 개입하는 것이 관리자의 의무이다."

이 기준은 스트레스 관리 실패 이후 사고관리 단계로 전환해야 하는 시점을 국제적으로 뒷받침하는 판단 근거이며, 본 장에서 설명하는 사고관리 개념의 법·기준적 토대가 된다.

6-4. 국내 산업잠수 관련 법규와의 연결

국내 산업잠수 현장에서 적용되는 안전관리 법규 역시, 사고 발생 이후의 책임 추궁보다 **사고 가능성이 인지된 시점에서의 관리자 판단과 조치**를 핵심으로 삼고 있다.

- **산업안전보건법**은 사업주 및 관리·감독자의 기본 의무로서, 근로자가 위험에 노출될 우려가 있을 경우 작업을 중지시키고 필요한 안전조치를 할 책임을 명확히 규정하고 있다. 여기서 말하는 '위험'은 이미 사고가 발생한 상태만을 의미하지 않으며, 신체적·정신적 이상 징후, 작업 수행 능력 저하, 비정상적 환경 변화 역시 포함된다.
- **산업안전보건기준에 관한 규칙(잠수작업 관련 조항)**에서는 잠수 작업 중 이상 상황이 발생하거나 잠수사의 상태가 안전한 작업 수행에 부적합하다고 판단될 경우, 관리자는 즉시 작업을 중단하고 잠수사를 인양하도록 요구하고 있다. 이는 잠수사의 주관적 의사나 작업 진척도와 무관하게, 관리자의 판단이 우선됨을 전제로 한다.
- 또한 국내 사고 조사 및 행정 판단 과정에서도, 사고 발생 여부보다 **관리자가 위험 신호를 인지하고도 적절한 조치를 취했는지 여부**가 중요한 판단 기준으로 작용한다. 즉, 사고가 발생하지 않았더라도 위험을 방치했다면 관리 책임은 성립될 수 있으며, 반대로 사고가 발생했더라도

합리적 기준에 따라 조기 개입을 했다면 관리자의 판단은 보호받을 수 있다.

이러한 국내 법규 체계는 IMCA와 OSHA 기준과 동일한 방향성을 갖는다. 즉, 관리자는 결과가 아니라 **판단 시점의 위험 인식과 조치 여부**로 평가되며, 스트레스 징후를 사고 전 단계의 명확한 개입 신호로 받아들여야 한다는 점을 분명히 하고 있다.

6-5. 실제 사고 사례에 기준 적용(교육용 해설)

다음 사례는 스트레스 징후가 명확히 나타났음에도 관리자의 개입이 지연되었을 때, 사고관리 단계로의 전환 시점을 놓치면 어떤 결과로 이어질 수 있는지를 설명하기 위한 교육용 사례이다.

해상 구조물 유지보수 작업 중, 한 잠수사는 반복 잠수 일정과 거친 해류, 제한된 시야 조건 속에서 작업을 수행하고 있었다. 잠수 전 브리핑에서 그는 피로를 호소했으나, 작업 일정 지연에 대한 압박으로 계획은 변경되지 않았다. 잠수 중 통신 응답 속도가 점차 느려졌고, 작업 지시를 반복해서 확인하는 모습이 관찰되었다. 이는 명백한 스트레스 누적과 판단 저하의 신호였지만, 현장은 이를 '집중력 문제'로만 해석했다.

잠수 후반부, 잠수사는 간단한 장비 조작에서 반복적인 오류를 보였고, 통신 중 감정적인 반응이 섞이기 시작했다. 이 시점은 IMCA와 OSHA 기준 모두에서 즉각적인 작업 중단과 인양이 정당화되는 단계였으며, 국내 산업안전보건법상으로도 관리자의 작업중지 의무가 성립되는 상황이었다. 그러나 관리자는 명확한 사고 징후가 아니라는 이유로 잠수를 지속시켰다.

결과적으로 잠수사는 방향 감각 상실과 급격한 호흡 증가를 보이며 패닉 상태에 진입했고, 인양 과정에서 추가적인 위험이 발생하였다. 이 사고에서 중요한 점은, 사고의 직접 원인이 무엇이었는 가가 아니라 **관리자가 스트레스 징후를 언제 인지했고, 그 시점에 어떤 판단을 했는가**이다.

이 사례를 기준에 대입해 보면 결론은 분명하다. 사고는 갑자기 발생한 것이 아니라, 스트레스

     관리자는 잠수사를 물에 보내는 마지막 사람이다

신호가 반복적으로 제시되는 동안 사고관리 단계로의 전환이 지연된 결과였다. 만약 관리자가 초기 통신 이상과 반응 저하 단계에서 작업을 중단했다면, 이 사고는 '발생하지 않은 사고'로 기록되었을 가능성이 높다.

이러한 사례 분석은 사고관리의 핵심이 구조 기술이나 사후 대응이 아니라, **사고로 이어지기 전 개입 시점을 놓치지 않는 관리자 판단**에 있음을 명확히 보여 준다.

6-6. 관리자가 개입했어야 할 핵심 판단 포인트

아래 항목은 위 사고 사례에서 관리자가 반드시 인지하고 개입했어야 할 대표적인 신호들이다. 이 신호들은 단독으로도 개입 근거가 되며, 복수로 나타날 경우 즉각적인 작업 중단과 인양 결정을 정당화한다.

- 잠수 전 단계에서 이미 표출된 **피로 호소와 심리적 부담 표현**
- 잠수 중 통신 응답 속도의 지연 및 반복 확인 요청
- 작업 지시 이해력 저하와 간단한 절차에 대한 반복 질문
- 장비 조작 실수의 증가 및 작업 효율의 급격한 저하
- 통신 음성에서 감정 변화, 짜증, 불안이 드러나는 반응

이러한 징후는 '아직 사고가 아니다'라는 이유로 무시되어서는 안 되며, 국제 기준(IMCA·OSHA)과 국내 법규 모두에서 **즉시 개입이 허용·요구되는 상태**에 해당한다.

6-7. 동일 사고의 다른 결말(관리자 조기 개입 시나리오)

만약 관리자가 통신 반응 저하와 작업 오류가 처음 관찰된 시점에서 잠수를 중단하고 인양을 지시했다면, 사고의 전개는 전혀 다른 결말을 맞았을 것이다.

잠수사는 패닉 단계로 진입하기 이전에 수면으로 인양되었을 것이며, 현장에서는 산소 공급과 휴식, 상태 평가가 즉시 이루어졌을 것이다. 이후 재잠수 여부는 감정이나 일정이 아니라, 잠수사

의 회복 상태와 객관적 위험 평가에 따라 결정되었을 가능성이 높다.

이 경우 해당 사건은 '사고 보고서'가 아닌, **관리자의 적절한 조기 판단 사례**로 기록되었을 것이며, 잠수사 역시 사고 경험자가 아닌 안전하게 보호된 작업자로 남았을 것이다. 이 시나리오는 사고를 막는 결정이 얼마나 조용하고 눈에 띄지 않게 이루어지는지를 보여 주는 대표적인 예이다.

사고관리에서 가장 성공적인 판단은, 결과적으로 아무 일도 기록되지 않는 판단이라는 점을 이 사례는 분명히 보여 준다.

6-8. 스트레스와 사고관리를 연결하는 핵심 원칙

산업잠수 안전관리 체계에서 스트레스 관리와 사고관리는 서로 분리된 교육 과목이 아니다. 두 영역은 하나의 연속선상에 있으며, 다음과 같은 원칙으로 연결된다.

첫째, 스트레스는 사고의 원인이면서 동시에 가장 이른 경고 신호이다. 관리자가 이 신호를 읽지 못하면, 사고관리는 피할 수 없는 단계가 된다.

둘째, 스트레스를 조기에 통제하지 못한 상황에서는 잠수사의 경험, 의지, 숙련도보다 **관리자의 판단 기준과 개입 시점**이 안전을 좌우한다.

셋째, 사고관리 단계에서는 결과보다 과정이 중요하다. 사고가 발생하지 않았다고 해서 판단이 불필요했던 것은 아니며, 사고가 발생했다고 해서 모든 판단이 실패였다고 단정할 수 없다. 중요한 것은 관리자가 언제, 어떤 근거로 개입했는가이다.

넷째, 구조 과정에서도 관리자는 자신의 한계를 명확히 인식해야 하며, 무리한 구조로 추가 피해를 만들지 않도록 외부 지원 체계로의 전환을 주저해서는 안 된다.

6-9. 산업잠수 안전 사고관리의 핵심 정리 문장

산업잠수에서 스트레스 관리는 사고를 막기 위한
가장 앞선 안전 단계이며, 사고관리는 그 안전 장치가 더 이상 작동하지 않을 때
관리자가 책임지고 실행해야 하는 마지막 방어선이다.

이 문장은 스트레스 관리 교육과 사고관리 교육을 하나의 연속된 안전 체계로 이해하도록 돕기 위한 출판용 핵심 정리 문장으로, 본 장의 요약이자 다음 사고관리 실무 내용으로 이어지는 전환 문장으로 활용할 수 있다.

6-10. 관리자 체크리스트 한 장 요약본(현장 적용용)

다음 체크리스트는 산업잠수 현장에서 관리자가 **스트레스 → 사고 전환 지점**을 놓치지 않기 위해 상시 확인해야 할 핵심 판단 항목을 한 장으로 정리한 것이다. 본 체크리스트는 교육용·현장용·사고조사 대응용으로 그대로 활용할 수 있도록 구성되었다.

1) 잠수 전 체크(사고 예방 단계)

· 잠수사가 **피로, 긴장, 부담감**을 직접적으로 표현했는가
· 반복 잠수, 일정 압박, 교체 불가 분위기가 형성되어 있는가
· 잠수사의 컨디션에 대해 관리자 스스로 불안 요소를 느끼고 있는가 → 하나라도 해당 시, *잠수 연기·교체·강도 조정은 정당한 판단*

2) 잠수 중 체크(사고 전환 감시 단계)

· 통신 응답 속도가 평소보다 느려졌는가
· 지시 사항을 반복 확인하거나 이해도가 떨어지는가

· 단순 작업에서 실수가 증가하는가

· 음성에서 짜증, 불안, 감정 기복이 감지되는가 → 이 단계는 **IMCA · OSHA 기준상 즉시 개입 가능 구간**

3) 즉시 인양 결정 신호(망설임 금지 구간)

· 통신이 불안정하거나 반응이 일관되지 않음

· 작업 목표를 스스로 축소하거나 포기 발언을 함

· 방향 감각 혼란, 호흡 변화, 조작 지연이 동반됨→ *이 신호가 보이면 무조건 인양*

4) 판단 보호 기준(관리자 스스로에게 묻는 질문)

· 지금 이 판단은 **일정을 위한 결정인가, 생명을 위한 결정인가**

· 사고가 발생하지 않으면 이 판단을 후회할 것 같은가

· 국제 기준과 법규 앞에서 설명 가능한 판단인가 → 설명 가능한 판단이면, 결과와 무관하게 보호받는다

5) 사고 후 기록 체크(재발 방지 단계)

· 스트레스 신호가 언제 처음 나타났는가

· 개입 시점은 적절했는가, 지연되었는가

· 다음 현장에서 동일 조건이면 어떻게 판단할 것인가 → 기록은 처벌이 아니라 **관리자 판단을 보호하는 증거**

한 문장 현장 원칙

관리자가 망설이는 순간은, 잠수사가 이미 혼자 판단하고 있는 순간이다.

6-11. 감독관·감리 대응용 법·기준 인용 정리(현장 제시용)

본 절은 산업잠수 현장에서 관리자의 **조기 인양·작업중지 판단**이 감독관, 감리, 사고조사 과정에서 어떻게 법·기준적으로 정당화되는지를 설명하기 위한 대응용 정리 문단이다. 본 문안은 현장 설명, 회의 기록, 사고보고서 인용을 전제로 작성되었다.

1) 국내 법규 기준(산업안전보건법 체계)

산업안전보건법 제38조(작업중지 등)는 급박한 위험이 있을 때 사업주 및 관리·감독자가 즉시 작업을 중지시키고 근로자를 대피시켜야 할 의무를 규정하고 있다. 여기서 말하는 '급박한 위험'은 사고 발생 이후의 상태만을 의미하지 않으며, 신체적·정신적 이상 징후, 작업 수행 능력 저하, 비정상적 환경 변화까지 포함하는 개념으로 해석된다.

잠수사의 경우 스트레스 누적으로 인한 판단 저하, 통신 반응 이상, 작업 오류 증가는 명백한 위험 신호에 해당하며, 관리자가 이를 인지한 시점부터는 **작업 지속이 오히려 법 위반 위험**으로 전환된다. 즉, 인양 결정은 선택이 아니라 법적 의무 이행에 해당한다.

또한 **산업안전보건기준에 관한 규칙(잠수작업 관련 조항)**에서는 잠수 중 이상 상태 발생 시 관리자가 즉시 작업을 중단하고 잠수사를 인양하도록 규정하고 있으며, 이때 잠수사의 주관적 의사나 작업 공정률은 판단 기준이 될 수 없음을 전제로 한다.

→ 국내 법규 요지: *사고가 발생했는가가 아니라, 위험을 인지하고도 작업을 지속했는가가 관리 책임 판단의 핵심이다.*

2) IMCA 기준 대응 논리(국제 산업잠수 표준)

IMCA(International Marine Contractors Association)는 Diving Supervisor의 핵심 책임으로 **잠수사의 신체적·정신적 적합성 지속 확인**을 명시하고 있다. 특히 다음과 같은 문구가 반복적으로 강조된다.

- 잠수사의 상태가 안전한 작업 수행에 부적합하다고 판단될 경우, 감독자는 즉시 작업을 중단하고 잠수를 종료해야 한다.
- 이 판단은 명확한 사고 발생 이전 단계에서도 정당하며, 감독자의 재량이 아닌 책임으로 간주된다.

IMCA 기준에서 중요한 점은, 판단의 근거가 *결과*가 아니라 *관찰된 징후*라는 점이다. 스트레스 누적, 반응 지연, 판단 혼선은 모두 잠수사의 적합성 상실 신호로 해석되며, 이 신호가 확인된 시점에서의 인양 결정은 국제 기준에 부합하는 조치가 된다.

→ *IMCA 기준 요지: 감독자는 잠수사의 상태가 '정상임을 증명할 책임'이 아니라, '정상이 아님을 의심할 권한과 의무'를 가진다.*

3) OSHA 기준 대응 논리(미국 산업잠수 규정)

OSHA(29 CFR 1910 Subpart T)는 상업잠수 작업에서 **비정상적 행동, 통신 이상, 작업 반응 저하**를 명확한 위험 상태로 규정한다. 이 기준에 따르면 관리자는 추가 확인이나 원인 분석 이전에, 우선적으로 작업 중단과 인양을 실행해야 한다.

OSHA는 사고 조사 시 다음 기준을 중점적으로 검토한다.

     관리자는 잠수사를 물에 보내는 마지막 사람이다

· 관리자가 위험 신호를 인지했는가

· 인지 이후 합리적인 시간 내에 작업 중단 조치를 했는가

· 판단 근거가 기록으로 남아 있는가

즉, OSHA 관점에서 관리 책임은 '사고를 막았는가'보다 **위험 인지 이후 어떤 결정을 했는가**에 의해 평가된다.

→ *OSHA 기준 요지: 판단 시점의 합리성이 확보된다면, 결과 발생 여부와 무관하게 관리자의 조치는 정당화된다.*

4) 감독관·감리 질의에 대한 표준 대응 문장(실전용)

현장 또는 조사 과정에서 다음과 같은 문장은 관리자의 판단을 법·기준에 따라 설명하는 표준 대응 문구로 사용할 수 있다.

· "당시 통신 반응 저하와 작업 오류 증가는 IMCA 및 OSHA 기준상 즉시 개입이 허용되는 상태였습니다."

· "사고 발생 이전이었으나, 산업안전보건법상 위험 인지 시 작업중지 의무에 따라 인양을 결정했습니다."

· "일정이나 작업 진척보다 잠수사의 안전을 우선하는 것이 관리자의 법적 책임이라고 판단했습니다."

· "결과가 아닌 판단 시점의 위험 신호를 기준으로 조치한 것입니다."

5) 최종 정리 문장(관리자 판단 보호 핵심)

산업잠수 현장에서 관리자의 조기 인양 판단은 과잉 대응이 아니라,
국내 법규와 국제 기준이 동시에 요구하는 정당한 안전 조치이다.

본 문장은 사고보고서 결론, 교육 자료, 감독 대응 설명에서 그대로 인용 가능하도록 구성된 핵심 문장이다.

6-12. 관리자 판단 플로우/결정 트리(현장 적용용)

본 결정 트리는 산업잠수 현장에서 스트레스 신호가 관찰될 때 관리자가 **망설임 없이 개입 시점을 판단**하도록 돕기 위한 표준 흐름이다. 이 플로우는 IMCA · OSHA · 국내 산업안전보건법의 공통 요구사항을 반영하며, 결과가 아닌 **판단 시점의 합리성**을 확보하는 데 목적이 있다.

1) 초기 신호 인지

· 잠수 전 피로 · 불안 · 일정 압박의 표출
· 잠수 중 통신 응답 지연, 반복 확인, 작업 오류 증가
· 음성의 감정 변화(짜증, 불안), 호흡 패턴 변화 → **하나라도 관찰되면 '주의 단계' 진입**

2) 확인 질문(관리자 30초 점검)

· 이 신호가 **일시적 변동**인가, **누적 경향**인가
· 동일 조건에서 **다른 잠수사에게도 허용할 판단**인가
· 기준(IMCA · OSHA · 국내 법규) 앞에서 **설명 가능한가** → 하나라도 '아니요'면 **개입 단계로 즉시 전환**

3) 즉시 개입 기준(결정 지점)

· 통신 불안정/불연속

· 이해력 저하, 단순 절차 반복 질문

· 조작 지연, 방향 감각 혼선

· 작업 목표 축소 발언 또는 포기 표현 → **이 신호가 보이면 무조건 인양**(망설임 금지)

4) 실행 조치

· 작업 즉시 중단 선언

· 안전 인양 수행(속도보다 안정)

· 수면에서 상태 평가(산소, 휴식, 기록)

5) 사후 판단

· 재잠수 여부는 **객관적 회복 지표**로만 결정

· 동일 조건 재현 시 **사전 차단 원칙** 적용

· 판단 근거 기록(시간, 신호, 조치)

통신이 흔들리고, 판단이 느려지는 순간 — 그때가 바로 인양 시점이다.

사고는 갑자기 오지 않는다.
신호를 본 관리자가 개입하지 않았을 뿐이다.

이 신호가 보이면 무조건 인양. 설명은 그다음이다.

본 문구는 현장 벽보, 컨트롤룸 게시, 교육 슬라이드 표지에 그대로 사용 가능하며, IMCA ·
OSHA · 국내 산업안전보건법의 '조기 개입 의무'를 한 문장으로 요약한 관리자 행동 기준이다.

PART III 표면공급식 잠수

서문

표면공급식 잠수는 잠수사가 수중에서 수행하는 모든 활동이 수면의 지원체계와 직접적으로 연결되어 있다는 점에서, 다른 잠수 방식과 본질적인 차이를 가진다. 잠수사의 호흡가스는 수면에서 공급되고, 통신은 유선으로 유지되며, 잠수사의 생명줄이라 할 수 있는 엄빌리컬(Umbilical)은 수면과 수중을 물리적으로 연결한다. 이러한 구조 속에서 잠수는 더 이상 개인의 기술이나 경험에만 의존하는 행위가 아니라, **조직적·체계적 관리하에 수행되는 고위험 작업**이 된다.

이때 관리자(Supervisor)는 단순한 감독자가 아니라, 잠수 작업 전체를 설계하고 통제하며 책임지는 핵심 주체로 자리한다. 관리자는 잠수사의 수중 행동을 직접 대신할 수는 없지만, 잠수사가 안전하게 임무를 수행할 수 있도록 모든 조건을 사전에 조성하고, 작업 중에는 상황을 종합적으로 판단하여 적절한 결정을 내려야 한다. 다시 말해, 관리자의 역할은 **사후 통제가 아닌 사전 예방과 실시간 의사결정**에 있다.

표면공급식 잠수는 장비 의존도가 높고, 팀 단위로 운용되며, 외부 환경의 영향을 크게 받는다. 조류, 시계, 수심, 수온, 선박의 움직임, 장비 상태 등 수많은 변수들이 동시에 작용한다. 이 복합적인 변수들을 개별 잠수사가 수중에서 모두 인지하고 대응하기에는 구조적인 한계가 있다. 따라서 수면에서 전체 상황을 조망할 수 있는 관리자의 존재는 필수적이며, 이는 안전 확보를 넘어 작업의 효율성과 품질을 좌우하는 요소가 된다.

   관리자는 잠수사를 물에 보내는 마지막 사람이다

관리자는 잠수 작업의 시작부터 종료까지 모든 과정을 관통한다. 잠수 계획 수립, 인원 배치, 장비 점검, 비상 절차 설정, 작업 중 통제, 작업 후 평가에 이르기까지 관리자의 개입이 없는 단계는 존재하지 않는다. 이러한 연속성 속에서 관리자는 잠수 작업의 **중심축이자 최종 책임자**로 기능한다.

제1장

표면공급식 잠수의 정의

표면공급식 잠수(Surface Supplied Diving)는 잠수사가 수중에서 생존과 작업을 유지하는 데 필요한 핵심 요소를 **수면에서 지속적으로 공급받으며 수행하는 잠수 방식**이다. 여기서 말하는 핵심 요소란 공기 또는 혼합가스, 음성 통신, 생명줄 역할을 하는 엄빌리컬, 그리고 수면에서 이루어지는 실시간 감시와 판단을 포함한다. 이러한 요소들이 하나의 체계로 결합되어 작동한다는 점에서, 표면공급식 잠수는 단순한 잠수 기술이나 장비의 집합이 아니라 **완전한 운영 시스템(Operation System)**이라 할 수 있다.

표면공급식 잠수에서 잠수사는 헬멧 또는 풀페이스 마스크를 착용하고, 엄빌리컬을 통해 수면과 항상 연결된 상태로 작업을 수행한다. 이 엄빌리컬에는 공기 공급 라인, 통신선, 안전 로프가 통합되어 있으며, 이는 잠수사의 생명 유지가 수중이 아닌 수면에서 통제되고 있음을 의미한다. 즉, 잠수사는 물속에 있지만 생존 조건과 안전의 주도권은 철저히 수면에 남아 있다. 이 연결은 단순한 장비 연결이 아니라, **책임과 판단의 연결**이다.

이러한 구조에서 표면공급식 잠수의 가장 중요한 특징은 **자율성의 의도적 축소와 관리 책임의 체계적 확대**이다. 자급식 잠수(SCUBA)가 잠수사 개인의 판단, 경험, 즉각적인 대응 능력에 크게 의존하는 방식이라면, 표면공급식 잠수는 그러한 개인 의존성을 줄이기 위해 설계된 방식이다. 대신 관리자, 슈퍼바이저, 공기공급 담당자 등 수면의 인적 체계가 판단의 중심에 서며, 잠수사는 그 판단을 실행하는 역할에 집중한다.

이 차이는 단순한 작업 방식의 차이가 아니라 안전 철학의 차이다. 표면공급식 잠수는 위험을 잠수사 개인의 능력이나 정신력에 맡기지 않고, **조직과 시스템이 책임지도록 설계된 잠수 방식이다.** 따라서 사고가 발생했을 때 그 원인 역시 잠수사의 개인적 실수보다는, 수면에서 이루어진 판단과 관리 구조에서 찾아야 한다.

표면공급식 잠수에서는 잠수 기술이 뛰어나다는 사실만으로 안전을 담보할 수 없다. 동일한 헬멧, 동일한 공기 공급 장치, 동일한 작업 조건에서도, 수면에서 공기를 어떻게 관리하고, 통신을 어떻게 해석하며, 잠수사의 상태 변화를 언제 위험 신호로 판단하는가에 따라 결과는 완전히 달라진다. 공기 압력의 미세한 변동, 호흡 저항의 변화, 통신 음성의 미묘한 흔들림, 잠수사의 반응 속도 저하는 모두 **수면에서 먼저 감지되어야 할 신호다.**

이러한 신호를 단순한 일시적 현상으로 넘길 것인가, 아니면 즉각 개입의 근거로 볼 것인가는 전적으로 수면 관리자의 판단에 달려 있다. 바로 이 지점에서 표면공급식 잠수는 장비 중심의 기술 문제가 아니라, **판단 중심의 관리 문제**로 전환된다. 잠수사의 안전은 수중에서의 대응이 아니라, 수면에서의 조기 인지와 개입에 의해 결정된다.

이 책에서 표면공급식 잠수는 '잠수사가 물속에서 무엇을 하는가'를 설명하는 방식으로 정의되지 않는다. 대신 '수면에서 누가, 어떤 기준으로, 언제 개입하는가'를 중심으로 정의된다. 표면공급식 잠수는 기술이 아니라 관리 구조이며, 장비가 아니라 판단 체계다. 이 정의를 이해하지 못한다면, 아무리 최신 장비를 도입하더라도 표면공급식 잠수가 지향하는 안전 수준에 도달할 수 없다.

이 장은 표면공급식 잠수를 하나의 작업 방식이자 안전 철학으로 이해하기 위한 출발점이다. 이후 장에서는 장비 구성과 공기공급 체계, 수면 관리자의 역할과 책임, 표면공급식 잠수에서 반복적으로 발생하는 사고 유형, 그리고 관련 법·기준과의 연결을 통해 이 정의가 실제 현장에서 어떻게 구현되어야 하는지를 단계적으로 살펴본다.

1-1. 표면공급식 잠수의 구분: 공기잠수와 혼합기체 잠수

표면공급식 잠수는 사용하는 호흡 기체의 종류에 따라 크게 **공기잠수(Air Diving)**와 **혼합기체 잠수(Mixed Gas Diving)**로 구분된다. 이 구분은 단순한 가스 선택의 문제가 아니라, 작업 수심, 감압 방식, 관리 체계, 그리고 요구되는 판단 수준을 근본적으로 달라지게 하는 기준이다.

공기잠수(Air Diving)

공기잠수는 호흡 기체로 대기 공기를 사용하는 표면공급식 잠수 방식이다. 비교적 얕은 수심에서 이루어지며, 장비 구성과 운용이 혼합기체 잠수에 비해 단순하다. 그러나 단순하다는 이유로 위험이 낮다고 오해해서는 안 된다. 공기잠수 역시 수심이 깊어질수록 질소 마취, 공기 밀도 증가로 인한 호흡 저항, 감압 부담이 급격히 증가한다.

일반적으로 산업 현장에서의 공기 표면공급식 잠수는 약 30~40미터 수심 범위에서 수행되는 경우가 많다. 이 범위에서는 작업 효율과 안전성 사이의 균형이 중요하며, 공기공급 압력 관리와 잠수 시간 통제가 관리자의 핵심 역할로 작용한다. 공기잠수에서의 사고는 대개 '익숙함'에서 비롯된

 관리자는 잠수사를 물에 보내는 마지막 사람이다

다. 반복 작업으로 인해 위험 신호를 정상 상태로 오인하는 판단 오류가 가장 큰 위험 요인이다.

혼합기체 잠수(Mixed Gas Diving)

혼합기체 잠수는 헬륨과 산소를 혼합한 기체(Heliox, Trimix 등)를 사용하는 표면공급식 잠수 방식이다. 이는 공기잠수로는 안전하게 접근하기 어려운 깊은 수심에서 작업을 수행하기 위해 도입된 방식이다. 혼합기체 잠수는 질소 마취를 줄이고, 호흡 저항을 낮추는 장점이 있으나, 동시에 훨씬 복잡한 관리 체계를 요구한다.

혼합기체 잠수는 일반적으로 40미터 이상의 수심, 특히 대심도 작업에서 적용된다. 이 구간에서는 기체 조성 관리, 감압 계획, 비상시 대응 절차가 매우 정밀하게 설계되어야 하며, 관리자와 슈퍼바이저의 전문성이 안전을 좌우한다. 혼합기체 잠수에서의 위험은 장비 고장보다는 **운용 오류와 판단 착오**에서 발생하는 경우가 많다.

1-2. 수심에 따른 표면공급식 잠수의 특성

표면공급식 잠수에서 수심은 단순한 숫자가 아니라, 위험의 성격을 결정하는 기준이다. 수심이 깊어질수록 물리적 압력만 증가하는 것이 아니라, 잠수사의 생리적 부담과 관리자의 판단 난이도 역시 함께 상승한다.

얕은 수심에서는 작업 환경 변화가 빠르고, 작업 반복 빈도가 높아 관리자의 주의력이 분산되기 쉽다. 중간 수심대에서는 감압 부담과 작업 시간이 주요 관리 요소로 작용하며, 깊은 수심에서는 기체 관리와 비상 대응 능력이 핵심이 된다.

이처럼 표면공급식 잠수는 수심에 따라 동일한 방식으로 관리될 수 없으며, 각 수심대에 맞는 판단 기준과 운영 원칙이 필요하다.

　결국 표면공급식 잠수의 안전은 '얼마나 깊이 잠수하는가'가 아니라, **그 수심에 맞는 방식으로 관리하고 판단하는가**에 달려 있다. 공기잠수와 혼합기체 잠수의 구분, 그리고 수심별 특성을 이해하는 것은 이후 모든 안전 관리 논의를 위한 기본 전제가 된다.

제2장

표면공급식 잠수 장비 구성과 공기공급 체계

표면공급식 잠수의 안전성과 작업 효율은 장비 구성과 공기공급 체계의 이해 수준에 의해 크게 좌우된다. 그러나 이 장에서 다루는 장비는 단순한 장비 설명 목록이 아니다. 표면공급식 잠수에서 장비는 '사용하는 물건'이 아니라, **관리자가 통제하고 판단하기 위한 수단**이다.

표면공급식 잠수 장비의 핵심은 잠수 헬멧 또는 풀페이스 마스크, 공기공급 장치, 통신 장비, 그리고 이 모든 요소를 하나로 묶는 엄빌리컬이다. 헬멧은 잠수사의 호흡과 시야를 보호하는 동시에, 통신과 압력 환경을 유지하는 생명 유지 장치다. 공기공급 장치는 단순히 공기를 보내는 설비가 아니라, 압력·유량·비상 전환 가능성까지 포함한 관리 대상이다.

엄빌리컬은 표면공급식 잠수의 상징적 장비다. 이 한 줄의 연결에는 공기, 통신, 안전 로프가 동시에 포함되며, 이는 잠수사의 생존이 수면과 끊어질 수 없음을 의미한다. 따라서 엄빌리컬의 길이, 관리 상태, 꼬임과 마찰, 작업 중 위치 변화는 모두 수면에서 지속적으로 감시되어야 할 요소다. 엄빌리컬 관리는 곧 잠수사 관리다.

공기공급 체계 역시 단순한 기계 시스템이 아니다. 주 공기원과 예비 공기원의 분리, 전환 기준, 압력 이상 시 대응 절차는 모두 사전에 명확히 설정되어야 하며, 현장에서는 관리자가 이를 언제 어떻게 적용할지 판단해야 한다. 장비가 완벽해 보여도, 공기공급 이상은 항상 '징후'로 먼저 나타난다. 이 징후를 해석하는 주체는 장비가 아니라 관리자다.

이 장의 핵심은 분명하다. 표면공급식 잠수 장비는 잠수사를 보호하기 위해 존재하지만, 동시에 관리자의 판단을 요구하는 구조로 설계되어 있다. 장비를 이해하지 못한 관리자는 판단할 수 없고, 판단하지 못하는 관리자는 결국 장비에 책임을 전가하게 된다.

2-1. 공기잠수용 표면공급식 체계의 특징

공기잠수용 표면공급식 체계는 상대적으로 단순한 구성으로 보이지만, 실제 현장에서는 관리자의 개입 빈도가 가장 높은 체계다. 공기라는 기체의 특성상 수심이 깊어질수록 호흡 밀도가 급격히 증가하고, 잠수사는 호흡 저항과 피로를 빠르게 느끼게 된다. 이 변화는 잠수사 스스로 인지하기보다, 수면에서 먼저 감지되는 경우가 많다.

공기잠수 체계에서 관리자가 집중해야 할 핵심 요소는 공기 압력의 안정성, 유량 변화, 잠수사의 호흡 리듬, 통신 음성의 미세한 변화다. 공기잠수 사고의 다수는 '설비 고장'이 아니라, 공기 공급이 정상 범위 안에 있음에도 불구하고 잠수사의 부담이 누적되는 상황을 간과하면서 발생한다. 즉, 공기잠수 체계에서는 **정상 수치 안에서 발생하는 비정상 상태**를 읽어 내는 능력이 무엇보다 중요하다.

또한 공기잠수는 반복 작업이 잦고, 경험 축적이 빠른 만큼 관리자의 판단이 관성에 빠지기 쉽다. 이전 작업에서 문제가 없었다는 이유로 동일한 조건을 안전하다고 판단하는 순간, 공기잠수 체계는 가장 위험한 상태로 전환된다.

2-2. 혼합기체 잠수용 표면공급식 체계의 특징

혼합기체 잠수용 표면공급식 체계는 공기잠수에 비해 훨씬 복잡하고 정밀하다. 사용되는 기체는 헬륨과 산소의 혼합으로, 기체 조성 자체가 작업 조건에 맞게 사전에 설계된다. 이 체계에서는 공기 공급의 '연속성'보다 **기체 조성의 정확성**과 감압 계획의 일관성이 핵심 관리 요소가 된다.

혼합기체 잠수에서는 작은 판단 오류가 큰 사고로 이어질 가능성이 높다. 기체 전환 시점의 지연, 계획과 다른 잠수 시간, 통신 혼선은 모두 중대한 위험 요인이 된다. 따라서 혼합기체 체계에서는 관리자와 슈퍼바이저의 역할 분담, 이중 확인 절차, 기록 관리가 공기잠수보다 훨씬 엄격하게 요구된다.

중요한 점은, 혼합기체 잠수가 기술적으로 더 진보된 방식일수록 관리자의 판단 부담 역시 증가한다는 사실이다. 혼합기체 잠수 사고는 장비 결함보다 **운용 절차의 생략, 판단 기준의 완화**에서 발생하는 경우가 많다.

2-3. 수심에 따른 체계 선택과 관리 판단

표면공급식 잠수에서 공기잠수와 혼합기체 잠수의 선택은 단순한 기술 문제가 아니라 관리 판단의 문제다. 수심이 깊어질수록 공기잠수의 위험은 기하급수적으로 증가하며, 일정 수심 이후에는 혼합기체 체계로 전환하지 않는 것 자체가 관리 실패가 된다.

그러나 반대로, 혼합기체 체계가 항상 더 안전하다고 단정할 수도 없다. 작업 목적, 잠수 시간, 현장 지원 능력, 관리자 경험을 고려하지 않은 무리한 혼합기체 적용은 또 다른 위험을 낳는다. 따라서 관리자는 수심이라는 숫자 하나가 아니라, **현장의 준비 수준과 판단 체계 전반을 기준으로 체계를 선택해야 한다.**

이 장에서 살펴본 공기잠수와 혼합기체 잠수의 차이는 이후 장에서 다룰 사고 유형 분석과 법·기준 해석의 핵심 기준이 된다. 표면공급식 잠수의 안전은 어떤 기체를 쓰느냐가 아니라, 그 기체에 맞는 관리 판단이 이루어지고 있는가에 의해 결정된다.

제3장

공기잠수 사고가 더 많이 발생하는 이유와 수심별 사고 유형

표면공급식 잠수 현장에서 발생하는 사고를 분석해 보면, 혼합기체 잠수보다 공기잠수에서 사고 발생 빈도가 더 높은 경향을 보인다. 이는 공기잠수가 기술적으로 열등해서가 아니라, **관리와 판단이 느슨해지기 쉬운 조건**이 겹쳐 있기 때문이다. 이 장은 왜 공기잠수에서 사고가 더 자주 발생하는지, 그리고 수심에 따라 사고의 양상이 어떻게 달라지는지를 관리자의 판단 구조 관점에서 설명한다.

3-1. 공기잠수에서 사고가 집중되는 구조적 이유

공기잠수는 산업 현장에서 가장 널리 사용되는 표면공급식 잠수 방식이다. 반복 작업이 많고, 장비 구성과 운용 절차가 비교적 단순하기 때문에 현장은 빠르게 '익숙한 상태'로 전환된다. 문제는 이 익숙함이 위험 신호를 약화시키는 방향으로 작용한다는 점이다.

공기잠수 사고의 상당수는 공기 공급이 완전히 중단되거나 장비가 명백히 고장 난 상황이 아니라, 공기 압력의 미세한 변동, 호흡 저항의 증가, 잠수사의 반응 지연과 같은 **누적형 이상 징후**를 정상 범위로 오인하면서 발생한다. 관리자는 수치가 기준 범위 안에 있다는 이유로 작업을 지속하게 되고, 그사이 잠수사의 생리적 부담은 조용히 한계를 넘어서게 된다.

또한 공기잠수는 상대적으로 얕은 수심에서 이루어지는 경우가 많아, 관리자에게 "언제든 올릴 수 있다"는 심리적 여유를 제공한다. 이 여유는 조기 인양 결정을 늦추는 가장 큰 요인 중 하나다.

공기잠수 사고는 위험을 인지하지 못해서가 아니라, **위험을 인지하고도 멈추지 않은 판단**에서 발생하는 경우가 많다.

3-2. 수심에 따른 사고 유형의 변화

표면공급식 잠수 사고는 수심이 깊어질수록 양상이 달라진다. 얕은 수심에서는 사고의 원인이 관리자의 주의 분산과 반복 작업에 따른 판단 둔화에 집중되는 반면, 중간 수심대에서는 감압 부담과 작업 시간 관리 실패가 주요 원인으로 등장한다.

깊은 수심으로 갈수록 사고는 단발적 사건이 아니라, 여러 판단 오류가 연쇄적으로 이어진 결과로 나타난다. 기체 선택, 작업 시간 설정, 감압 계획, 비상 대응 준비 중 어느 하나라도 완화되면, 사고의 여지는 급격히 커진다. 이 구간에서는 관리자의 판단 하나하나가 곧 안전 여유의 축소로 이어진다.

중요한 점은, 수심이 깊어질수록 사고의 회복 가능성은 급격히 낮아진다는 사실이다. 얕은 수심에서는 즉각 인양과 응급 조치로 상황을 회복할 수 있는 여지가 남아 있지만, 깊은 수심에서는 판단 지연 자체가 치명적인 결과로 직결된다.

3-3. 공기잠수와 혼합기체 잠수 사고의 결정적 차이

공기잠수 사고는 주로 '익숙함'과 '관성'에서 출발한다. 반면 혼합기체 잠수 사고는 절차 생략, 역할 혼선, 관리 체계 붕괴와 같이 **운영 시스템의 균열**에서 발생한다. 즉, 사고의 성격 자체가 다르다.

이 차이는 관리자 교육과 훈련 방향에도 직접적인 영향을 미친다. 공기잠수에서는 반복 작업 속에서도 동일한 긴장 수준을 유지하는 훈련이 필요하며, 혼합기체 잠수에서는 절차 준수와 이중 확인 문화가 핵심이 된다. 두 체계 모두에서 공통적으로 요구되는 것은, '괜찮아 보인다'는 판단을 경계하는 관리자의 태도다.

3-4. 관리자가 개입해야 할 결정적 시점

이 장에서 다룬 사고 유형을 종합하면, 공기잠수와 혼합기체 잠수 모두에서 사고를 막는 결정적 시점은 명확하다. 공기 공급이 완전히 끊겼을 때가 아니라, **이상이 느껴지기 시작했을 때**다. 관리자의 개입은 위기가 명확해진 이후가 아니라, 판단이 흔들리기 시작하는 순간에 이루어져야 한다.

공기잠수에서의 조기 인양, 수심 변화에 따른 체계 전환, 혼합기체 잠수에서의 절차 재확인은 모두 '과잉 대응'이 아니라 정상적인 안전 관리 행위다. 이 장의 결론은 단순하다. 사고는 수중에서 발생하지만, 사고를 막을 수 있었던 마지막 기회는 언제나 수면에 있었다.

 관리자는 잠수사를 물에 보내는 마지막 사람이다

수심·기체별 사고 사례, 관리자 체크리스트, 법·기준 연계

제4장에서 살펴본 사고 구조는 이론이 아니라, 실제 현장에서 반복적으로 확인되는 패턴이다. 이 장에서는 공기잠수와 혼합기체 잠수에서 발생한 대표적인 사고 유형을 수심별로 정리하고, 그 사고가 발생하기 직전 관리자에게 어떤 판단 기회가 있었는지를 분석한다. 이어서 동일한 상황에서 관리자가 활용할 수 있는 체크리스트와, 그러한 판단이 법·기준상 어떤 근거를 갖는지를 연결한다.

4-1. 수심·기체별 실제 사고 사례 분석

1) 공기잠수/얕은 수심 사고 사례

얕은 수심에서 발생한 공기잠수 사고의 상당수는 장비 결함이 아니라 작업 반복으로 인한 판단 둔화에서 시작된다. 공기 압력과 유량은 정상 범위였으나, 잠수사의 호흡 속도 증가와 통신 응답 지연이 반복적으로 나타났음에도 관리자는 이를 일시적 피로로 판단하고 작업을 지속시켰다. 결과적으로 잠수사는 수중에서 패닉 상태에 빠졌고, 인양 결정이 늦어지면서 사고로 이어졌다.

이 사례의 핵심은 '올릴 수 있었던 시간'이 충분히 존재했다는 점이다. 사고는 갑작스럽게 발생한 것이 아니라, 관리자가 판단을 미룬 시간만큼 축적되었다.

2) 공기잠수/중간 수심 사고 사례

중간 수심대 공기잠수 사고에서는 감압 부담과 작업 시간 관리 실패가 주요 원인으로 작용한다. 관리자는 예정된 작업량을 마치기 위해 잠수 시간을 연장했고, 그 과정에서 잠수사의 피로와 호흡 부담이 급격히 증가했다. 공기 공급 자체에는 문제가 없었으나, 결과적으로 감압 관련 증상이 발생했다.

이 사고는 공기잠수에서 '조금만 더'라는 판단이 얼마나 위험한지를 잘 보여 준다.

3) 혼합기체 잠수/대심도 사고 사례

혼합기체 잠수 사고의 경우, 장비 자체보다는 운용 절차의 생략과 역할 혼선이 사고로 이어지는 경우가 많다. 기체 전환 시점에 대한 확인이 충분히 이루어지지 않았고, 통신 혼선 속에서 관리자와 슈퍼바이저의 판단이 엇갈렸다. 이로 인해 계획과 다른 조건에서 작업이 진행되었고, 사고 발생 시 대응이 지연되었다.

4-2. 표면공급식 잠수 관리자 판단 체크리스트(요약)

다음 체크리스트는 공기잠수와 혼합기체 잠수 모두에 적용되는 **관리자 판단 기준**이다. 이 목록은 작업을 지속하기 위한 조건이 아니라, 멈추기 위한 근거를 명확히 하기 위해 설계되었다.

- 공기 압력·유량이 정상 범위 안에 있어도, 잠수사의 호흡 리듬이 변하고 있는가?
- 통신 응답이 짧아지거나 지연되고 있지는 않은가?
- 수심 대비 기체 선택이 보수적으로 이루어졌는가?
- 작업 시간이 계획보다 늘어나고 있지는 않은가?
- 동일 조건의 반복 작업으로 판단이 관성에 빠져 있지는 않은가?

이 중 하나라도 명확히 설명되지 않는다면, 관리자는 작업중지 또는 인양을 검토해야 한다.

   관리자는 잠수사를 물에 보내는 마지막 사람이다

4-3. 법 · 기준이 요구하는 관리자 판단의 근거

산업안전보건법과 관련 고시는 표면공급식 잠수에서 관리자의 조기 개입과 작업중지를 명확한 의무로 규정하고 있다. 특히 이상기압 작업과 고기압 작업에 관한 기준에서는, 장비 이상뿐 아니라 작업자의 상태 변화 역시 관리 대상 위험 요소로 포함한다.

IMCA와 OSHA 기준 역시 공통적으로 '위험 신호가 인지되는 즉시 개입할 것'을 관리자 의무로 명시한다. 이는 사고가 발생한 이후의 책임을 묻기 위함이 아니라, 사고를 예방하기 위한 판단을 보호하기 위한 구조다.

결국 법과 기준이 요구하는 것은 완벽한 예측이 아니라, **보수적인 판단과 조기 중단**이다. 제4장에서 분석한 사고들은 모두, 이 기준이 현장에서 충분히 적용되지 못했을 때 어떤 결과가 나타나는지를 보여 준다.

이 장의 결론은 분명하다. 사고 사례는 과거의 기록이지만, 체크리스트와 법적 기준은 다음 판단을 위한 도구다. 관리자가 이를 이해하고 활용할 때, 표면공급식 잠수는 비로소 체계적인 안전 작업으로 기능할 수 있다.

제5장

표면공급식 잠수 관리자 교육·훈련 체계

표면공급식 잠수의 안전 수준은 장비의 성능이나 잠수사의 숙련도만으로 결정되지 않는다. 현장의 실제 안전 수준은 관리자가 어떤 교육을 받고, 어떤 훈련을 반복했는지에 의해 좌우된다. 이 장은 표면공급식 잠수 관리자를 대상으로 반드시 요구되는 교육 요소와 훈련 체계를 정리한다.

관리자 교육의 핵심은 기술 숙지가 아니라 판단 훈련이다. 공기잠수와 혼합기체 잠수의 차이, 수심별 위험 변화, 사고 징후의 해석은 이론으로 이해할 수 있으나, 실제 현장에서는 시간 압박과 환경 요인 속에서 즉각적인 결정을 내려야 한다. 따라서 교육은 사례 기반으로 이루어져야 하며, 반복 훈련을 통해 '멈추는 판단'을 자연스러운 관리 행위로 체화시켜야 한다.

훈련 체계는 다음 세 축을 중심으로 구성되어야 한다. 첫째, 정상 상황과 이상 상황을 구분하는 감지 훈련이다. 둘째, 작업중지·인양 결정을 신속히 실행하는 판단 훈련이다. 셋째, 그 판단을 기록하고 설명하는 훈련이다. 이 세 요소가 결합될 때, 관리자의 판단은 개인 역량이 아니라 조직 역량으로 전환된다.

제6장

기록·서명·책임의 구조

표면공급식 잠수에서 기록은 사고 이후를 대비하기 위한 행정 절차가 아니다. 기록은 관리자의 판단을 보호하고, 동일한 판단을 재현 가능하게 만드는 핵심 장치다. 판단이 기록되지 않으면, 옳은 결정조차 우연이나 개인의 감각으로 취급될 위험이 있다.

관리자의 서명은 단순한 형식적 행위가 아니라, 해당 작업 조건과 판단 과정에 대한 책임 선언이다. 이는 처벌을 위한 장치가 아니라, 관리자가 판단을 회피하지 않도록 보호하는 장치로 기능해야 한다. 기록이 충실한 현장일수록 작업중지와 조기 인양이 자연스러운 관리 행위로 자리 잡는다.

이 장은 기록 항목의 구성 원칙, 서명이 갖는 의미, 그리고 사고 발생 시 기록이 어떻게 관리자를 보호하는지 구조적으로 설명한다.

수심 · 기체별 현장 게시용

이 부록은 표면공급식 잠수 현장에서 즉시 활용할 수 있도록 설계된 요약 자료다. 공기잠수와 혼합기체 잠수의 구분, 수심별 주요 위험 요소, 관리자 개입 시점을 한 페이지로 정리하여 컨트롤룸, 현장 게시판, 교육 자료로 활용할 수 있도록 한다.

본 요약은 상세 매뉴얼을 대체하기 위한 것이 아니라, 관리자가 순간적으로 판단을 점검할 수 있는 기준표 역할을 한다. 이상 신호가 보이는 순간, 이 표를 기준으로 '계속할 것인가, 멈출 것인가'를 즉시 판단할 수 있도록 돕는 것이 목적이다.

이 부록은 본문 전체의 핵심을 압축한 관리 도구이며, 표면공급식 잠수 안전관리의 최종 실천 지점이다.

관리자는 잠수사를 물에 보내는 마지막 사람이다

제7장

표면공급식 잠수 장비

7-0. 표면공급식 잠수장비

표면공급식(Surface-supplied or Surface demand)

수중의 잠수사가 호흡할 공기를 수면 위에서 책임자와 보조원의 관리로 호스를 통하여 공급하여 주는 방식이다. 즉 잠수사는 이 같은 공기공급 호스와 기타 필요한 호스와 선 등으로 수면 위의 인원, 장비들과 연결되어 독립적으로 활동하지 못하고, 일종의 통제를 받으며 잠수하게 된다. 움빌리컬은 공기호스, 통화선, 수심측정호스 3가닥의 선으로 구성되어 있다. 그 외 Safety Line, Hot Water Hose, Coaxial Cable 등이 있다. 표면 공급식은 산업잠수에서 기본적으로 사용하는 방식이며, 아래와 같이 호흡공기의 지속적 공급은 물론이고 수면 위에서 잠수조정반을 통하여 잠수사에 대한 원격 감시와 관리가 가능하여, 안전하고 효율적이다.

표면 공기공급식 분당 토출량 용어

용어	용어 해설	공식
CFM(Cubic Feet Minute)	분당 공기 토출량	
SCFM(Standard Cubic Feet Minute)	수면에서 분당 공급하는 토출량	SCFM=ATA×ACFM
ACFM(Actual Cubic Feet Minute)	분당 표준 수심에서 필요한 토출량	ACFM=SCFM÷ATA

7-1. 표면공기공급의 최소매니폴드요구압력

최소매니폴드요구압력(MMP: Minimum Manifold Pressure)이란 각 장비별 수압을 압도할 수 있는 표면의 최소요구압력 수치를 말한다.

KMB 밴드마스크와 수퍼라이트-17 헬멧의 MMP는 동일하며, 공식은 다음과 같다.

1) 수심이 130ft 이하일 때의 공식

$$MMP = (수심 \times 0.445) + 135 \, psi$$
$$0.1025) + 9.5 \, kg/cm²$$

2) 수심이 130ft 초과일 때의 공식

$$MMP = (수심 \times 0.445) + 165 \, psi$$
$$0.1025) + 11.5 \, kg/cm²$$

3) MMP 제한 수심의 공식

$$MMP \; 제한 \; 수심 = (psig - 135) \div 0.445$$

종류	최소매니폴드요구압력 (MMP: Minimum Manifold Pressure)	공기요구량			
		일반적 잠수작업		한시적 지속공급	
		ACFM	L/min	ACFM	L/min
재래식 헬멧	200ft 호스(D×0.50)+42	4.5	127	6	170
	200ft 호스(D×0.56)+42				
	200ft 호스(D×0.62)+42	1.4	40	4.5	127
SL-헬멧밴드 마스크	수심이 130ft 이하(D×0.445)+135	1.4	40	3.2	90
	수심이 130ft 초과(D×0.445)+165				
후카	(D×0.445)+135	0.3	8.5		

수 심		압 력	
fsw	msw	psig	kg/cm²
0~60	18.3	90	6.2
61~100	18.6~30.5	115	7.9
101~132	30.8~40.2	135	9.3
133~165	40.6~50.3	165	11.4
166~198	50.6~60.3	200	13.8
199~220	60.3~67	225	15.5

7-2. 표면공기공급의 용량

1) SCFM(Standard Cubic Feet Minute)

가. 1분당 표면에서 공급해야 하는 공기압축기의 공기량(토출량)

나. **SCFM=ATA×ACFM×N(잠수사의 수)**

다. SCFM 제한 수심=(총 SCM×33÷ACFM×N)-33

2) ACFM(Actual Cubic Feet Minute)

가. 잠수사가 일정 수심에서 1분당 실제 필요한 공기량(요구량)

나. ACFM=SCFM÷ATA

3) 저압공기압축기의 압력과 용량이 실제 작업 수심을 능가해야만 된다

4) 만약 용량이 부족한 저압공기압축기가 있다면 또 다른 저압공기압축기를 연결하여 사용하면 용량은 2배가 되고 압력은 일정하게 된다. 즉 용량 115cfm과 압력 200psi를 가진 저압 공기압축기가 2대 있다면 이 2대를 연동하면 용량은 230cfm이 되고 200psi로 일정하다

7-3. 공기 유출량의 필요조건

공기의 유출량은 사용되는 장비에 따라 다르며 공기 공급 계통이 개방형이나 지속 공급형일 경우에는 환기를 하기 위한 충분한 공기량이어야 한다. 그리고 요구형일 경우에는 이에 상응하는 적절한 공기량이 필요하다.

1) 개방형 장비의 필요조건

공기 유출량의 1차 요구조건은 정상작업이든 심한 작업이든 비상시 충분히 환기시킬 수 있는 공기량까지 필요하다.

2) 요구형 장비의 필요조건

호흡에 필요한 공기는 심한 작업 시 최대 유출량을 기준으로 한다. 이러한 최대 유출량이 계속적으로 필요하지는 않지만 호흡주기 동안 계속 유지시켜 주는 것이 더 효과적이다. 잠수사의 호흡

량은 작업형태에 따라 다르며, 주로 최대 유출량보다는 호흡에 필요한 일정한 공기량이 공급된다.

□ 표면 공급식의 장점

· 수면 위에서 거의 무제한으로 잠수사 호흡 공기의 지속적 공급이 가능하다.

· 수면 위의 인원과 수중의 잠수사 간에 통화가 가능하다.

· 잠수사의 체류 수심을 수면 위에서 알 수 있다.

7-4. 후카(Hookah)

스쿠버용 2단계 호흡조절기에 저압(125psi)의 호흡공기를 직접 공급하는 방식으로 수경과 호흡
조절기가 분리되어 있고 유선통화가 어렵다. 호스 자체와 연결방법이 취약한 경우가 많으며 후카
를 사용하는 현장에서는 공기압축기의 사양이 잠수(호흡)용으로 적합하지 못하다. 그리고 공기압
축기의 토출량이 부적절하고 공기정화 여과기가 저압 호흡용의 기준 이하이다. 비상공기 공급체
계의 시스템은 갖추지 못한 상태에서 우리나라 산업잠수 현장에서는 저렴한 가격(손쉬운 조작방
법, 간편성, 빠른 이동, 빠른 작업 등) 때문에 여러 잠수사들이 많이 사용하고 있는 질정이다. 우리
나라 산업잠수 현장에서 장비의 개선은 시급한 문제이며 잠수사의 건강도 신경 써야 할 부분이다.

1) 표면공급식 인원구성 1

1	잠수 책임자 또는 잠수 감독관	1명
2	잠수사	2명
3	비상대기 잠수사	1명
4	잠수사 보조원	2명
5	통신사(기록수)	1명

1	잠수 책임자 또는 잠수 감독관	1명
2	잠수사	2명
3	비상대기 잠수사	2명
4	잠수사 보조원	2명
5	통신사(기록수)	2명

7-5. Superlite-17 Helmet(MK-21) 헬멧 잠수

여러 해에 걸친 잠수장비의 발전에 따라 해군에서는 심해의 MK-12 표면공급식 헬멧을 고안해 냈다. 발달된 MK-12는 원래 MK-5 대신 사용하게끔 만들어졌으나 이 장비는 일부 해군에서만 사용하고 있고 현재 민간 산업잠수업계에서는 사용상 약간의 불편 때문에 거의 사용치 않고 있다.

그리고 민간 산업잠수업계에서 가장 많이 사용하는 것은 MK-1과 MK-1을 보완시킨 Super Lite-17 헬멧이다.

Super Lite-17/MK-21의 특징

① MK-21의 기본 작업 수심은 190피트이다

1) 공기잠수 시 기본수심: 190피트

2) 공기잠수 시 최대수심(예외노출): 285피트

② MK-21 혼합기체잠수에도 사용되며 혼합기체 잠수 시에는 재순환 장치를 장착해야 한다

1) 혼합기체잠수 시 기본수심: 300피트

2) 혼합기체잠수 시 최대수심: 380피트

3) 공기잠수 시 총 잠수시간 한계는 5시간이다. (상황에 따라)

4) 잠수사의 기동성과 안정성을 보장

5) 과다한 공기공급으로 인한 급상승을 감소

6) 넓은 시야 제공 및 장비의 중량감을 감소

7) 소음의 감소와 양질의 통화 제공

8) 양호한 보온 효과와 부력 조절이 용이

③ 헬멧 마스크 부분

1) 헬멧은 공기 및 혼합기체를 쓸 수 있게끔 고안되었다.

2) 헬멧의 몸체는 유리섬유와 합성수지로 제작되었다.

3) 수중에서 식별이 가능하도록 노란색으로 되어 있다.

4) 헬멧의 무게는 40파운드로 중성부력을 갖는다.

5) 헬멧의 안면창

- 안면창은 잘 깨어지지 않도록 폴리카보네이트 플라스틱(렉산)으로 제작되었으며 4개의 창

  이 있다.

- 유리보다 습기가 잘 찬다.

- 물체의 상이 찌그러져 보인다.

④ 공기공급밸브

1) 1/4인치 밸브로 되어 있다.

2) 공기는 공급밸브를 3바퀴 돌림으로써 나온다.

3) 공기공급 확산기(Diffuser)는 공기를 흡입 구역으로 확산시키거나 공기의 소음을 감소시키는 역할을 한다.

4) 300피트 수심에서는 42 Psi의 압력으로 6 ACFM의 공기를 공급한다.

⑤ 배출밸브

1) 배출밸브는 헬멧 왼쪽 아래에 있다.

2) 헬멧 내의 공기는 배출밸브를 통해 빠져나간다.

3) 배출밸브는 특별한 공구 없이 쉽게 분해, 조립시킬 수 있다.

4) 6 ACFM의 공기가 유통될 때는 0.3±0.05Psi에서 2.0±0.3 Psi를 유지시켜 준다.

5) 공기를 배출할 때는 친 버턴을 누르고, 배출밸브를 닫고자 할 때는 입술로 친 버턴을 당길 수 있다.

6) 배출밸브를 돌림에 따라 스프링 장력에 의해 차등압력이 변한다.

7) 배출밸브의 다이아프램은 압력이 떨어졌을 때 물이 침수되는 것을 막는 역지 고무판이다.

⑥ 헬멧의 통화 장치

1) 이어폰은 헬멧 양쪽에 2파운드 2개

2) 마이크로폰은 소음을 제거해 주는 회로가 있어 양호한 통화 전달을 제공한다.

7-6. KMB-10/18B Band Mask or MK-1 밴드 마스크

1) 제한수심

1) 최대 작업수심: 공기 사용 시 190피트

2) 130피트 이상 잠수 시: 잠수종 사용

3) 60피트 이상 잠수 시: 비상용 공기통 사용

2) 작업적용 범위

1) 천해 탐색

2) 선박의 주요 수리

3) 천해의 구조 작업

3) 마스크의 구성

① 주요 몸체

- 1/4인치 비부식성 플라스틱 재질로 제작

- 비전도체로 제작

② 구성요소

- 안면창

- 측면밸브

- 호흡 조정기

- 통화 장치

- 입과 코 부분의 마스크

- 머리덮개와 안면수밀 판

- 압력균형 장치

- 배출 밸브

③ 안면창

- 1/4인치(6.4mm) 비부식성 프라스틱으로 만들어졌다.

- 흠이 나기 쉽다.

- 잠수사에게 넓은 시야를 제공한다.

- 안면창 받침쇠

  · 크롬으로 도금된 청동

  · 5개의 나사로 고정된다.

  · 안면창을 수밀시켜 주는 0-링이 있다.

4) 압력균형장치

- 크롬으로 도금된 청동

- 안면창 받침쇠 아래에 위치

- 코에 밀착되도록 수평의 손잡이가 있다.

- 마스크를 벗을 때는 코에 걸리지 않도록 손잡이를 밖으로 잡아당겨야 한다.

5) 배출밸브

- 호흡조정기 아래에 부착되어 있다.

- 마스크의 물을 제거시켜 준다.

- 원웨이 체크밸브로 되어 있으며 고무가 수밀을 도와준다.

- 배출밸브는 크롬으로 도금된 청동

6) 통화장치

- 몸체의 오른쪽 아래에 위치

- 통화선을 연결시킬 수 있는 2개의 고정 연결부가 있다.

7) 측면밸브

① 몸체의 오른쪽 위에 위치

② 3개의 연결밸브가 있다
- 주 공기공급밸브

- 원웨이 밸브(역지밸브)

- 비상공기공급밸브

③ 원 웨이 밸브(One way valve)
- 공기통로가 일방통행식으로 되어 있으며 호흡 조정기에 공기를 공급한다.

- 매일 첫 잠수 전에 검사한다.

- 담배 연기를 이용해 검사한다.

④ 주 공기공급밸브

- 크롬으로 도금된 청동

- 수나사의 연결부가 있다. (공기호스와 연결)

- 주 공기공급원이다.

⑤ 비상공기공급밸브

- 크롬으로 도금된 청동

- 주 공기공급이 차단되었을 때 사용된다.

⑥ 호흡조정기의 작동(Regulator)

- 측면밸브로부터 공기를 공급받는다.

- 공기는 저압의 관을 통해 2단계 호흡조정기로 공급된다.

- 다이아프램(고무판)이 찢어지거나 위치가 이동되면 물이 들어온다.

- 호흡조정기의 손잡이를 안쪽으로 틀면 공기가 감소하고, 바깥쪽으로 증가한다.

- 호흡조정기의 손잡이를 잠수사가 돌리거나 또는 고정시키면 요구하는 양만큼 공기가 공급된다.

7-7. 잠수복과 중량추

1. MK-12 잠수복은 건식 잠수복과 외피, 중량추, 잠수신발, 장갑 등으로 구성된다.

2. 건식 잠수복은 1/4인치(6.4mm) 네오프렌에 나일론 천이 덮여 있다.

3. 중량추는 몸의 중심을 안정시키기 위해 분산되어 있다.

    1) 종아리: 한쪽에 2파운드 4개

    2) 허벅지: 한쪽에 4파운드 3개

    3) 엉덩이: 한쪽에 5파운드 2개

    4) 중량추를 완전히 끼웠을 때 최대 조류 2.5노트까지 작업이 가능하다.

 관리자는 잠수사를 물에 보내는 마지막 사람이다

7-8. 표면 공기 공급식 공기호스(Umbilical: 탯줄도관, 생명줄, 구명줄)

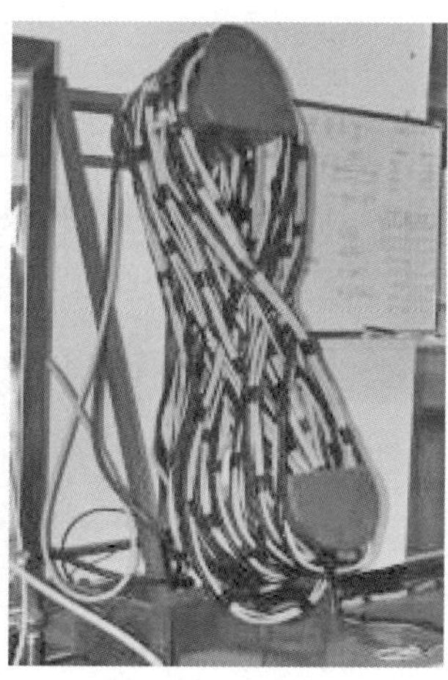

1) 공기호스의 구성(기본)

- **공기호스, 통화용선, 수심계 호스,** (안전줄) 추가

- 3가닥 선으로 구성

- (그 외에도 Safety Line, Hot Water Hose, Coaxial Calble 등이 있다)

2) 공기 호스 사용 연한: 10년(10년 후 폐기)

- 공기 호스 검사: 제작일로부터 5년 경과 후 파단시험(파단시험압력: 2400psi) **(4년/1회)**

- 수심계 호스 검사: 5년 경과 후 매년 압력시험

* 내경 1/4 inch(6.4mm)

7-9. 공기 콤프레샤

1) 저압 컴프레샤

저압 컴프레샤는 표면 공급식 잠수용으로 주로 사용하며 **9kg/㎠~12kg/㎠** 저압으로 호스를 통하여 잠수사에게 거의 무제한으로 공기를 보낼 수 있다.

우리나라의 산업잠수(산업잠수) 형태는 경운기 앞머리를 이용한 컴프레샤를 주로 사용하고 있는 실정이다.

일명 후카잠수 또는 표면 공기 공급 잠수라고도 한다.

2) 고압 컴프레샤

고압 컴프레샤는 **900psi(63kg/㎠)** 이상을 고압이라고 하며 주로 레져잠수(스쿠바) 공기탱크 충전으로 주로 사용한다.

3) 필터

- 모레큐라 시브(Molecular Sieve): 수분, 오일 제거

- 엑티베이티드 카본(Activated Carbon): 냄새, 맛, 에어로졸, 오일미스트

- 호프카라이트(Hopcalite): CO를 CO_2로 변환

- 실리카겔, 활성알루미나: 습기제거용

- 활성탄: 냄새제거용

- 활성제오라이트: 기름+수분제거용

- 소다솔브, 바라디움: 일산화탄소 제거용

관리자는 잠수사를 물에 보내는 마지막 사람이다

4) 공기 컴프레샤 필터 진행순서

- 공기 → 습기제거통 → 활성알루미나(실리카겔) → 활성탄 → 공기통

5) 공기 컴프레샤의 시동순서

- 컴프레샤를 가동하기 전 **제일 먼저 오일계통**을 점검한다.
- **압축실 밸브를 개방한다. (전 여압의 부하) "시동을 용이하게 하기 위해서"**
- 컴프레샤를 가동하여 어느 정도 기계가 원활하게 작동할 때 탱크에 연결
- 압축실과 여과기의 수분을 제거하고 밸브를 잠근다.
- 공기통의 밸브를 개방하여 충전한다.
- 압축실에 수분과 물이 고여 있을 때는 가동 중에 여러 번 밸브를 열어 준다. (수분과 물이 가동 중엔 많이 발생)
- 드레인밸브(Drain Valve)
- 공기통에 충전 계기압이 3,000psi 이내가 되었을 때 밸브를 닫고 가동 후 컴프레샤 내부의 이물질을 제거하기 위해 밸브를 개방한 후 가동은 바로 멈추지 말고 5분 정도 더 가동한 후 컴프레샤를 정지한다.

7-10. 잠수종(Diving Bell)

잠수종은 아래가 열린 종(鐘) 모양의 장치를 물속으로 내려 **내부에 공기를 가둔 채** 잠수 작업을 가능하게 하는 **초기 수중 잠수 장비**입니다. 압력과 공기의 성질을 이용해, 잠수사가 물에 직접 노출되지 않고도 바닷속에서 일정 시간 머무를 수 있게 해 줍니다.

개요

잠수종(Diving Bell)은 MK-1에 사용하도록 고안되었으나, 현재는 여러 작업에 사용된다.
잠수종 사용 시 공기잠수는 190피트까지, 그리고 혼합기체 잠수 시는 300피트까지 사용할 수 있다.

기본 원리

- 잠수종을 물속에 내리면 내부의 공기가 **수압에 의해 압축**
- 압축된 공기가 물의 유입을 막아 **공기층(호흡 공간)** 형성

    관리자는 잠수사를 물에 보내는 마지막 사람이다

- 더 깊이 내려갈수록 수압이 커져 **공기 공간은 줄어듦**
- 공기 압력=외부 수압이 되는 지점에서 내부 수면이 안정됨

구조적 특징

- **형태**: 상부 밀폐, 하부 개방
- **재질**: 초기에는 목재 · 금속, 이후 철제 중심
- **이동 방식**: 선박에서 와이어 · 크레인으로 수직 이동
- **내부 환경**: 가압된 공기 공간, 바닥 쪽은 물이 차 있음

장점과 한계

□ **장점**

- 구조가 단순
- 당시 기술 수준에서 비교적 안전한 수중 체류 가능
- 초기 수중 작업의 실용적 해결책

□ **한계**

- 깊이 · 시간 제한(공기 압축 문제)
- 이동성과 작업 범위가 제한적
- 공기 질 관리 및 감압 관리가 미흡

기술사적 의의

잠수종은 **"가압된 공기 공간을 수중에 만든다"**라는 개념을 최초로 실용화한 장치로, 현대의 상업 잠수용 **다이빙 벨**

□ **감압 챔버**

가압식 해저 공사(케이슨 공법) 등의 **직접적인 기술적 출발점**이 되었다.

잠수종의 사용용도

- 잠수사의 휴식처
- 잠수사의 수직이동
- 비상시 통화수단 제공

잠수종의 구성요서

- 몸체(Frame)
- 돔(Dome)
- 호흡매체장치(Gas System)
- 통화 장치(Phone System)
- 중량추(Ballast Support)

몸체

- 호흡장치
- 휴식을 취할 수 있는 데크(Deck)
- 중량추로 되어 있다.

관리자는 잠수사를 물에 보내는 마지막 사람이다

호흡매체장치

- 1/2인치의 플라스틱으로 형성

- 잠수사가 휴식을 취할 수 있도록 공기 공간을 형성

- 넓은 시야를 제공한다.

통화장치

- 스피커는 방수가 되어 있다.

- 육상과 통화가 된다.

중량추

- 24개의 중량추가 달려 있다. (크기에 따라 다르다)

- 중량추의 무게는 개당 약 130파운드(65kg)

- 중량추로 음성부력을 유지한다.

- 최소한 5톤을 들 수 있는 크레인이 있어야 한다.

- 잠수종은 수중에서 1,500파운드의 음성부력을 유지한다.

제8장

표면공급식 잠수준비 실행

8-1. 표면공급식 공기 잠수의 준비와 절차

표면공급식 공기 잠수의 작업준비는 장비점검 및 조립, 공기공급계통의 작동과 잠수복의 착용 등 많은 인원이 요구된다.

잠수 전 검사대조표는 잠수에 필요한 사항과 특수사항 등을 포함하여 작성해야 한다.

1) 잠수장비의 배열

실제 잠수준비의 첫 번째 행동은 장비의 검사 및 조립이다.

가장 확실히 준비하는 방법은 자세히 준비된 검사표를 이용하여 장비의 품목을 확인하는 것이다. 이 검사표는 잠수현장에 필요한 잠수복, 부속부품, 응급처치용 의료기구, 라인, 샤클, 호스연결용 케이블 등 모든 것을 포함해야 한다. 잠수현장에서는 모든 장비가 질서 정연하게 정렬되어야 한다. 갑판상은 장구로 인하여 어지럽혀져서는 안 되면 떨어지거나 밟아서 부서질 수 있는 장비는 갑판상에 두어서는 안 된다. 각 장비의 표준 배치도를 작성해 모든 잠수사들이 각 장비의 배열 위치를 잘 알 수 있도록 해야 한다.

장비를 배열할 때는 각 부품의 마모, 손상, 부식 그리고 빠진 품목이 없는지 확인해야 한다.

      관리자는 잠수사를 물에 보내는 마지막 사람이다

2) 공기공급장치의 준비

제1차 및 제2차 공기공급장치를 검사하고 필요한 요원이 배치되었는지 확인한다.

공기압축기를 시동하여 공기장치의 작동이 원활한지 검사하고 압력 비축용 탱크를 검사한다.

고압 공기탱크를 사용할 경우에는 매니폴드의 압력을 검사하고 충분한 양의 공기를 보유하고 있는지 확인한다.

제2차 공기공급장치를 공기압축기로 사용할 경우 잠수작업이 완료될 때까지 공기압축기가 꺼지지 않도록 주의해야 한다.

또한 공기 순도가 표준공기순도의 표준치 한계 내인지 확인한다.

표준공기순도표

성분	기준
산소	20~22%
이산화탄소	최대 1,000PPM
일산화탄소	최대 20PPM
탄화수소	최대 25PPM
먼지 및 기름	최대 5mg/㎥
냄새, 맛	불쾌하지 않을 정도

3) 역지밸브의 검사

(1) 밸브에 담배 연기를 불어 내 봄으로써 정상작동 여부를 검사한다.

(2) 매일 첫 잠수 시 검사한다.

(3) 역지밸브를 입으로 들이마신 뒤, 공기가 들어오는지 확인한다.

4) 헬멧 마스크와 공기호스의 연결

기공급 호스를 헬멧이나 마스크에 부착시키기 전에 호스 내의 불순물을 불어 낸다.

공기조절밸브를 잠근 채 공급호스를 헬멧에 연결한다. 공기공급호스 내에 적당한 압력을 유지시킨 후 비눗물로 각 부분의 누설개소 등을 확인한다.

헬멧이나 마스크에 생명줄과 통화용 케이블을 연결하고 작동상태를 검사한다.

5) 수심 측정기

하잠 줄과 발판, 발판 연결부분을 검사하고 감압정지점이 적절히 명시되었는지 검사한다.

6) 재압챔버의 검사

챔버 작동에 필요한 모든 장비가 준비되어 있는지 챔버 작동이 원활한지 검사한다. 그리고 2개의 초시계와 감압표, 치료표가 있는지 확인한다. 또 충분한 공기를 보유하고 있는지 산소도 즉시 사용할 수 있는지 확인한다.

7) 잠수 감독관의 확인과 임무

잠수사를 입수시키기 전에 감독관은 반드시 잠수검사표로 갑판상에 배열된 장비와 대조하여 빠진 게 없는지 확인한다. 잠수 감독관은 모든 장비가 제 위치에 있고 작동이 양호한 상태인 것을 확인했으면 잠수사에게 입수 준비를 명령한다. 심해잠수장비를 사용할 경우에는 1명 이상의 보조사를 지원받을 수 있도록 조치를 취해 놓아야 한다.

     관리자는 잠수사를 물에 보내는 마지막 사람이다

8-2. 표면공급식 공기잠수의 기술

1) 공기두절 및 호스가 절단되었을 때

(1) 즉시 잠수감독관에게 보고한다.

(2) 당황하지 말고 침착하게 행동한다.

(3) 배출밸브를 잠근다.

(4) 수심계 호스를 소매에 넣고 계속적인 공기공급을 요청한다.

2) 마스크 안면창이 깨졌을 때

(1) 고개를 앞으로 숙이고 공기공급을 증가시킨다.

(2) 즉시 감독관에게 보고한다.

3) 바위에 노출되었을 때

(1) 보조사에게 늦추어진 줄을 당기도록 지시한다.

(2) 생명줄의 여분을 가지면서 낙하에 대비한다.

(3) 낙하하게 되면 공기공급을 증가시키고 보조사에게 생명줄을 당기게끔 지시한다.

4) 진흙에 빠졌을 때

(1) 발버둥을 치거나 휘젓지 말 것.

(2) 공기 공급밸브를 열거나 친 버튼을 당겨 몸을 가볍게 하여 빠져나온다. (급상승 주의)

5) 표면 공기공급 잠수의 비상수단

① 수중에서 비상사태가 발생했을 때

(1) 당황하거나 흥분하지 마라.

(2) 천천히 침착하게 행동하라.

(3) 짝 잠수사에게 알려서 도움을 청하라.

(4) 장비를 함부로 해체하려고 하지 마라.

(5) 잠수감독관의 지시를 따르라.

6) 공기공급밸브가 개방된 채 고착되었을 때

(1) 친 버튼을 누르고 지나친 팽창을 막기 위해 배출밸브를 조절하라.

(2) 공기공급밸브를 닫기 위해 힘을 가해 보거나 짝 잠수사에게 도움을 청해라.

(3) 공기호스를 꺾어서 공기공급을 줄여라.

(4) 계속 공기 흐름을 조절할 수 없다면 수상에 알려 수상에서 조절할 수 있도록 하라.

(5) 수상에서 지시하는 대로 따르고 상승하라.

7) 공기공급밸브가 닫힌 채 고착되었을 때

(1) 공기공급밸브를 열려고 시도하는 한편 배출밸브를 닫아라.

(2) 수심계 호스를 건식 잠수복 소매나 넉크 뎀에 끼우고 수상에게 계속 공기공급을 요청하라.

(3) 짝 잠수사에게 공급밸브를 열어 달라고 도움을 청하라.

(4) 수상에서 지시하는 대로 따르고 상승하라.

8) 부력조절이 안 될 때

(1) 공기공급밸브를 잠그고 친 버튼을 누르고 손을 위로 향한 채 소매로 공기를 배출시켜라.

(2) 부력을 되찾기 위해 공기공급밸브를 조절하고 친 버튼을 당겨라.

9) 헬멧의 고정장치가 풀렸을 때

(1) 수중에서 즉시 고정시켜라.

(2) 잘 안 되면 짝 잠수사에게 도움을 요청하라.

(3) 수상에서 지시하는 대로 따르고 상승하라.

10) 배출밸브가 개방된 채 고착되었을 때

(1) 친 버튼을 이용하여 부력을 조절하라.

(2) 수상에서 지시하는 대로 따르고 상승하라.

11) 배출밸브가 닫힌 채 고착되었을 때

(1) 친 버튼과 공기공급밸브를 이용하여 부령을 조절하라.

(2) 배출밸브를 열기 위해 힘을 가해 보거나 짝 잠수사에게 도움을 요청하라.

(3) 수상에서 지시하는 대로 따르고 상승하라.

12) 통화가 두절되었을 때

(1) 수상에서의 조치

    가) 줄 신호로 신호를 하라.

    나) 잠수사의 공기 방울을 확인하라.

다) 잠수사의 헬멧에서 나는 소리를 주의 깊게 들어라.

라) 소리는 계속 들리는데 잠수사가 신호에 응답하지 않을 경우 잠수사가 어떤 좋지 않은 문제에 처해 있을 것이라고 판단하여 조치를 취하라.

마) 짝 잠수사에게 확인시켜 보거나 즉시 대기 잠수사를 보내라.

(2) 잠수사의 조치

가) 줄 신호로 신호를 하라.

나) 수상에서 지시하는 대로 따르고 상승하라.

13) 공기호스가 엉키거나 장애물에 걸렸을 때

(1) 큰 문제가 안 되므로 당황하지 마라.

(2) 차분히 사태를 점검한 후 침착하게 문제를 해결하라.

        관리자는 잠수사를 물에 보내는 마지막 사람이다

수중 실습

목표

· 수중에서 자신의 엄빌리컬을 신속히 찾을 수 있다.

· 수중시야가 불량일 경우 하네스를 더듬어 엄빌리컬을 찾을 수 있다.

· 수중에서 작업 중 엄빌리컬의 위치를 변경하여 효율적인 작업을 할 수 있다.

· 표면공급식 장비를 착용한 상태에서 잠수사는 수중유영을 원하는 방향으로 이동할 수 있다.

· 장비 착용 후 핀 없이 원하는 방향으로 이동할 수 있다.

· 장비 착용 후 핀을 이용하여 수중유영을 할 수 있다.

· 부력조절기(하네스+윙 장착)를 이용하여 중성부력을 이용하여 원하는 수심에서 작업할 수 있다.

· 하강라인 및 사다리를 이용하여 작업위치에 정확히 하강 및 상승을 할 수 있다.

· 보조사는 하강속도(75FPM)를 유지하여 원하는 수심 및 작업위치에 다이버를 이동시킬 수 있다.

· 보조사는 상승속도(30FPM)를 유지하여 잠수사를 안전하게 수면으로 복귀시킬 수 있다.

· 기체 공급 중단 및 컴프레셔 고장 시 잠수사는 비상기체를 사용하여 정상적인 호흡을 할 수 있다.

· 헬멧으로 들어오는 공기공급의 문제가 발생하여 주 공기공급 호스의 문제가 발생하였을 경우 수심계 호스를 이용하여 호흡할 수 있다.

· 헬멧의 문제로 인해 수중에서 잠수 헬멧을 벗어야 하는 상황에서 잠수사는 헬멧을 벗어 다시 착용할 수 있다.

· 잠수사는 수중에서의 마스크 없이 1분가량을 정지 상태에서 숨을 참을 수 있다. (버블은 반드시 뱉어야 한다.)

표면공기공급식잠수 수중 실습(풀장/해양)

수중 실습	· LESSON 1 · 수중 엄빌리컬 찾기 1, 2, 3단계	소요시간
		40분

목 적	· 수중에서 자신의 엄빌리컬을 신속히 찾을 수 있다. · 수중시야가 불량일 경우 하네스를 더듬어 엄빌리컬을 찾을 수 있다. · 수중에서 작업 중 엄빌리컬의 위치를 변경하여 효율적인 작업을 할 수 있다.
사용 장비	· KMB-18B, 28B 잠수 헬멧, 풀 페이스 마스크 · 통신기 · 표면공급식 기체 조정반(콤프레셔 or 80 cubic 고압 탱크) · 엄빌리컬 50m 이상(통신선 및 장력줄 포함) · 비상기체 60 cubic 이상
안전 유의사항	· 감독관의 정확한 지시 · 통신 두절 시 줄신호 · 기체 공급 차단 시 신속한 비상기체 전환 · 각각의 임무별 작업 중 집중 · 현장 실습 시 필요한 공구 및 주변 정리
실습 순서	· 감독관, 잠수사, 대기 잠수사, 보조사 1, 보조사 2, 통화수, 기록수 각각의 임무별 위치를 정확히 파악 후 정위치에 있을 것. **· 엄빌리컬 찾기 1단계(휘둘러 찾기)** - 입수 전 장비 점검에서 엄빌리컬의 정확한 위치를 파악. - 시야 불량 시 엄빌리컬을 휘둘러 찾기 방법 사용. - 잠수사는 고정된 자세에서 실시할 것. - 잠수사의 이동 시 움직인 반대 방향으로 반드시 움직여야 한다. **· 엄빌리컬 찾기 2단계(더듬어 찾기)** - 1단계 휘둘러 찾기 방법 실패 시 하네스의 허리 쪽에 있는 D-링을 더듬어서 찾아 올라간다. **· 엄빌리컬 찾기 3단계(D-링 위치 변경)** - 작업 시 엄빌리컬의 위치로 인해 작업의 방해 시 잠수사는 D-링의 위치를 변경하여 효율적인 작업을 실시. - D-링의 위치를 정확히 파악 후 반대 방향으로 이동시킨다.
평가 기준	**실습 평가**	
	시간 평가	

표면공기공급식잠수 수중 실습(풀장/해양)

수중 실습	· LESSON 2 · 수중 이동하기 1, 2, 3단계	소요시간
		40분

목 적	· 표면공급식 장비를 착용한 상태에서 잠수사는 수중유영을 원하는 방향으로 이동할 수 있다. · 장비 착용 후 핀 없이 원하는 방향으로 이동할 수 있다. · 장비 착용 후 핀을 이용하여 수중유영을 할 수 있다. · 부력조절기(하네스+윙 장착)를 이용하여 중성부력을 이용하여 원하는 수심에서 작업할 수 있다.
사용 장비	· KMB-18B, 28B 잠수 헬멧, 풀 페이스 마스크 · 통신기 · 표면공급식 기체 조정반(콤프레셔 or 80 cubic 고압 탱크) · 엄빌리컬 50m 이상(통신선 및 장력줄 포함) · 비상기체 60 cubic 이상 · 제트핀 이상의 제품 사용 — 권장사항 · 백 플레이트+더블 윙 사용 — 권장사항
안전 유의사항	· 감독관의 정확한 지시. · 기체 공급 차단 시 신속한 비상기체 전환. · 각각의 임무별 작업 중 집중. · 현장 실습 시 필요한 공구 및 주변 정리. · 수중유영 시 방향 감각상실 시 직각적인 통신 및 줄 신호. · 윙 사용 시 정확한 사용으로 급상습 방지.
실습 순서	· 감독관, 잠수사, 대기 잠수사, 텐더 1, 텐더 2, 통화수, 기록수 각 각의 임무별 위치를 정확히 파악 후 정위치에 있을 것. **· 수중 이동 1단계(핀 없이 이동하기)** - 핀이 없이 수중에서 이동 시 엄빌리컬을 정확히 잡고 이동하고자 하는 방향으로 허리를 숙이고 해저바닥을 박차고 나가듯 하여 이동한다. **· 수중 이동 2단계(핀을 사용하여 이동하기)** - 해저에 도착하여 핀을 착용하여 엄빌리컬이 유영 중 방해되지 않도록 하여 올바른 핀킥으로 수중을 유영한다. **· 수중 이동 3단계(윙을 이용하여 중성부력 상태에서 이동하기)** - 착용한 윙을 이용하여 중성부력을 맞추어 원하는 수심에 위치하여 다양한 자세를 유지한다.(선저 검사 시 필요한 기술)

평가 기준	실습 평가	
	시간 평가	

표면공기공급식잠수 수중 실습(풀장/해양)

수중 실습	· LESSON 3 · 하강 1단계 및 상승 1단계	소요시간
		40분
목 적	· 하강라인 및 사다리를 이용하여 작업위치에 정확히 하강 및 상승을 할 수 있다. · 보조사는 하강속도(75FPM)를 유지하여 원하는 수심 및 작업위치에 다이버를 이동시킬 수 있다. · 보조사는 상승속도(30FPM)를 유지하여 잠수사를 안전하게 수면으로 복귀시킬 수 있다.	
사용 장비	· 표면공급식 기본 장비 · 비상기체 60 cubic 이상. · 규정에 막는 하강라인 및 상승라인 설치. · 선박 및 바지에 잠수사 전용 사다리 설치. · 초 단위까지 측정 가능한 방수 스톱워치.	
안전 유의사항	· 감독관의 정확한 지시. · 기체 공급 차단 시 신속한 비상기체 전환. · 보조사의 정확한 하강 및 상승 컨트롤 능력을 요구. · 잠수사의 취락을 방지하기 위한 안전 장치 설치.	
실습 순서	· 각각의 임무 중 보조사의 정확한 컨트롤을 가장 중요시 요구함. **· 하강 1단계** - 잠수사가 선박 및 바지에서 이탈 시 보조사는 잠수사가 급하강하는 것을 방지해야 한다. - 보조사는 감독관의 정확한 하강속도 지시에 따라 **75FPM**으로 잠수사를 하강시킨다. - 잠수사는 하강 시 지신의 하강속도를 컴퓨터 게이지를 통해 실시간으로 통신수에게 하강속도를 보고한다. **· 상승 1단계** - 잠수사의 상승은 하강보다 중요하므로 보조사는 잠수사의 하강에 많은 신경을 써야 한다. - 보조사는 감독관의 정확한 상승속도 지시에 따라 **30FPM**으로 잠수사를 수면으로 이동시킨다. (**피트당 2초씩 상승시킬 것**) - 잠수사는 자신의 상승속도를 컴퓨터 게이지를 통해 실시간으로 통신수에게 보고한다.	
평가 기준	**실습 평가**	
	시간 평가	

관리자는 잠수사를 물에 보내는 마지막 사람이다

표면공기공급식잠수 수중 실습(풀장/해양)

수중 실습	· LESSON 4 · 비상 스킬 1단계(기체 공급 중단 시)	소요시간
		20분
목 적	· 기체 공급 중단 및 컴프레셔 고장 시 잠수사는 비상기체를 사용하여 정상적인 호흡을 할 수 있다.	
사용 장비	· KMB-18B, 28B 잠수 헬멧, 풀 페이스 마스크 · 통신기 · 표면공급식 기체 조정반(콤프레셔 or 80 cubic 고압 탱크) · 엄빌리컬 50m 이상(통신선 및 장력줄 포함) · 비상기체 60 cubic 이상	
안전 유의사항	· 감독관의 정확한 지시. · 기체 공급 차단 시 신속한 비상기체 전환. · 각각의 임무별 작업 시 집중. · 수심계 호스 사용 시 정확한 위치에 사용. · 밴드마스크 헬멧의 비상기체 밸브의 정확한 위치 파악. · 비상기체 실린더의 ON/OFF 상태를 매 잠수 전 확인.	
실습 순서	· **비상 스킬 1단계(비상기체 사용하기)** - 감독관은 주 공기공급원 차단을 지시 후 통화수는 즉시 잠수사에게 보고한다. - 잠수사는 정상적인 호흡을 실시한 후 마지막 호흡을 느낀 후 비상기체를 열어 정상적인 호흡을 실시한 후 통신수에게 보고한다. - 통신수는 감독관에게 보고한 후 감독관은 주 공기 공급원을 열어 잠수사에게 공기를 전환해 준다. - 잠수사는 기체전환이 확인된 후 비상기체 밸브를 잠근다.	
평가 기준	**실습 평가**	
	시간 평가	

표면공기공급식잠수 수중 실습(풀장/해양)

수중 실습	· LESSON 4-1 · 비상 스킬 2단계(수심계 호스를 이용하여 호흡하기)	소요시간
		20분
목적	· 헬멧으로 들어오는 공기공급의 문제가 발생하여 주 공기공급 호스의 문제가 발하였을 경우 수심계 호스를 이용하여 호흡할 수 있다.	
사용 장비	· KMB-18B, 28B 잠수 헬멧, 풀 페이스 마스크 · 통신기 · 표면공급식 기체 조정반(콤프레셔 or 80 cubic 고압 탱크) · 엄빌리컬 50m 이상(통신선 및 장력줄 포함) · 비상기체 60 cubic 이상	
안전 유의사항	· 감독관의 정확한 지시. · 기체 공급 차단 시 신속한 비상기체 전환. · 각각의 임무별 작업 시 집중. · 수심계 호스 사용 시 정확한 위치에 사용. · 밴드마스크 헬멧의 비상기체 밸브의 정확한 위치 파악. · 비상기체 실린더의 ON/OFF 상태를 매 잠수 전 확인.	
실습 순서	· **비상 스킬 2단계(수심계 호스로 호흡하기)** - 잠수사는 감독관에게 헬멧으로 들어오는 주 공기 호스의 문제 발생으로 호흡기체 차단을 보고한다. - 잠수사는 즉시 수심계 호스를 열 것을 통신수에게 보고한다. 통신수는 즉시 보고와 동시에 보조사는 수심계호스 밸브를 연다. - 잠수사는 수심계호스를 밴드마스크의 안쪽(입마스크 부분)으로 집어넣어 호흡을 하여야 한다. - 잠수사 유무 슈팅, 유무 아웃이라는 용어를 사용하여 수심계 밸브를 ON/OFF시킨다.	
평가 기준	**실습 평가**	
	시간 평가	

 관리자는 잠수사를 물에 보내는 마지막 사람이다

수중 실습	· LESSON 5 · 비상 스킬 1단계(밴드마스크 탈착하기)	소요시간
		40분

목 적	· 헬멧의 문제로 인해 수중에서 잠수 헬멧을 벗어야 하는 상황에서 잠수사는 헬멧을 벗어 다시 착용할 수 있다. · 잠수사는 수중에서의 마스크 없이 1분가량을 정지 상태에서 숨을 참을 수 있다. (버블은 반드시 뱉어야 한다.)
사용 장비	· KMB-18B, 28B 잠수 헬멧, 풀 페이스 마스크 · 통신기 · 표면공급식 기체 조정반(콤프레셔 or 80 cubic 고압 탱크) · 엄빌리컬 50m 이상(통신선 및 장력줄 포함) · 비상기체 60 cubic 이상
안전 유의사항	· 감독관의 정확한 지시 및 판단. · 기체 공급 차단 시 신속한 비상기체 전환. · 각각의 임무별 작업 시 집중. · 잠수사가 헬멧을 놓칠 수 있으므로 감독관 및 보조사는 잠수사의 상태를 수시로 확인해야 한다.
실습 순서	**· 비상 스킬 1단계(밴드 마스크 탈착)** - 감독관은 통신수에게 밴드마스크 탈착을 지시한다. - 잠수사는 심호흡을 실시하여 밴드마스크를 벗을 준비를 한다. - 스파이더의 왼쪽을 3가닥을 제거한다. - 스파이더의 제거 후 후드 부분의 지퍼를 올려 밴드마스크를 머리에서 이탈시킨다. - 잠수사는 입으로 버블을 반드시 내뿜어야 한다. - 밴드마스크의 입마스크가 수면을 향할 경우 프리플로우가 발생할 수 있다. 이 경우 헬멧이 잠수사로부터 이탈될 수 있으므로 잠수사는 헬멧을 탈착하기 전에 요구형 조절기를 잠가 놓아야 한다. - 착용 방법은 탈착의 역순으로 진행하여야 한다.
평가 기준	**실습 평가** |
	시간 평가 |

잠수 도표 사용법

1. 개요

잠수를 하면 압력이 증가하여 인체는 질소를 흡수하게 되고, 흡수된 질소는 입력이 감소하면 호흡을 통해 몸 밖으로 배출된다. 잠수를 끝내고 물 밖에 나오면 숨 쉬는 공기보다 핏줄과 세포에 더 많은 양의 질소가 녹아 있어 평형 상태에 도달하기까지 몸 밖으로 질소가 빠져나간다. 이 과정은 처음에는 빠르게 진행되다가 시간이 경과할수록 천천히 진행된다.

압력의 감소가 너무 급속하게 진행되지 않는 한 위의 과정은 아무런 생리학적인 문제를 일으키지 않는다. 그러나 만약 압력이 갑자기 감소하면 질소가 혈관이나 인체의 세포 조직 속에 기포를 형성하게 되고, 이 기포는 잠수사를 고통스럽게 한다.

감압병 또는 벤즈(케이슨병)라고 부르는 이 잠수병의 원리는 탄산음료가 들어 있는 음료수 캔으로 설명될 수 있다. 탄산 가스는 용기 속에 있는 액체에 용해되어 있다가 마개를 열면 압력이 갑자기 줄어들어 액체 속에서 많은 기포를 만들어 낸다. 만일 캔 속의 압력을 천천히 감소시키면 기포가 생기지 않는다. 이렇게 캔 속에 기포가 생기지 않도록 하는 것이 잠수 후 인체에서 배출되는 질소의 양을 잘 조절하여 잠수병에 걸리지 않게 하는 것과 같은 원리이다.

잠수표를 사용하는 가장 큰 목적은 바로 이 잠수병에 걸리지 않도록 하는 것이다.

잠수표에는 수심별로 감압을 하지 않고 체류할 수 있는 시간 제한이 나와 있고, 이 시간 제한을 초과하였을 경우 감압을 어느 깊이에서 몇 분간 하여야 안전하다는 것을 알려 준다.

2. 잠수 용어와 약어

1) 용어의 정의

① 단일 잠수(첫잠수)

전 잠수로부터 15시간 50분 이후, 10분 이내에 실시한 잠수

② 반복잠수(재잠수)

전 잠수로부터 10분 이후, 15시간 50분 이내 실시한 잠수

③ 감압표

감압병을 예방하기 위해, 잠수 수심과 해저체류시간에 대한 각 감압정지점과 정지시간

④ 감압계획

잠수사의 수심과 해저체류시간을 근거로 감압표에 적절한 감압 절차를 마련하여 효율적인 잠수

⑤ 잠수기록도표

잠수사의 잠수기록을 전화수(기록수)가 일정한 도표에 의해 작성하는 표.
잠수사는 상승 후 이 도표를 근거로 잠수경력을 입증할 개인 잠수일지를 작성.

⑥ 수심(Depth)

잠수 중 가장 깊이 도달한 수심을 선택해야 하며 m 또는 ft로 표시한다. 그리고 감압계획을 실행
에 옮길 때에는 수심계에 표시된 최고수심+오차보정 값을 반드시 더해 줘야 한다.

수심계의 최고수심	오정보정값
0~100ft	+1ft(30cm)
101~200ft	+2ft(60cm)
201~300ft	+4ft(120cm)
301~400ft	+7ft(210cm)

⑦ 해저체류시간(Bottom Time)

해면출발 직후부터 해저출발 직전까지 경과된 시간이며 분으로 표시.

⑧ 비감압 한계(No-Decompression Limits)

비감압 또는 비감압 한계시간이라고도 하며, 비감압이란 해면출발 후 감압정지를 하지 않고 표면까지 상승할 수 있는 최대 허용 해저체류시간의 한계을 말한다.

이 한계시간 동안 해저에서 머문다면 감압정지를 거치지 않고 분당 9m(30fpm)의 상승속도만 지키면서 상승하면 된다. 감압이란 분당 9m(30fpm)의 상승 속도로 천천히 올라오는 그 자체가 감압이라고 정의할 수 있다.

(표준공기감압표에는 ★로 표시되어 있다.)

⑨ 감압정지점

인체에 흡수된 기체를 배출하기 위해 지정된 수심에서 지정된 시간 동안 체류하는 것.

⑩ 잔여질소

해면 도착 후 잠수사 체내에 남아 있는 잔여 질소량(분으로 계산)

⑪ 반복기호 지정표

첫 잠수에서 비감압을 했을 경우 체내에 남아 있는 잔여질소량을 알파벳 문자로 나타낸 것("Z"에서 "A"로 갈수록 잔여질소량이 적어진다.)

 관리자는 잠수사를 물에 보내는 마지막 사람이다

⑫ 표면경과시간(Surface Interval)

해면도착 후 다음 잠수의 해면출발까지 지상에서 경과된 시간을 말하며 반복 잠수를 하지 않을 경우에는 15시간 50분을 경과하면 첫 잠수에 해당된다.

그리고 표면경과시간이 길면 길수록 반복기호도 "Z"에서 "A" 쪽으로 낮아짐을 알 수 있다.

반복 잠수를 하려고 할 때는 자신의 안전을 위해 최소한 표면에서 2시간 이상을 휴식한 뒤 반복 잠수를 하는 것이 좋다.

표면경과시간은 10분 이후 15시간 50분 이내로 구성되어 있다.

⑬ 잔여질소시간

해면도착 후 체내에 남아 있는 질소량.

반복잠수를 위해 해저체류시간을 더해 줘야 할 시간이며, 분으로 표시.

표준공기감압표의 감압계획

1. 표준공기감압표의 구성

① 수심은 10ft 간격이다.

② 해저체류시간 10분 또는 20분 간격이다.

③ 항시 정확한 수심 또는 한 단계 높은 수심을 선택한다.

  [예] 최대수심이 82ft(25m)라면 감압표의 수심에는 82ft가 없으므로 82ft보다 큰 수심인 90ft(27.2m)를 선택한다.

④ 항시 정확한 시간 또는 한 단계 높은 시간을 선택한다.

  [예] 최대수심이 90ft(27.2m)고 해저체류 시간이 26분이었다면 감압표에는 해저체류 시간 26분이 없으므로 26분보다 큰 30분을 선택한다.

  즉 90/30 테이블을 봐야 한다.

⑤ 상승률은 30fpm 이다.

⑥ 하잠률은 75~120 fpm(최대)이다.

$$\text{상승 또는 하잠속도} = \frac{\text{출발수심} - \text{도착수심}}{fpm} \times 60$$

⑦ 감압 정지 시 잠수사의 가슴이 감압정지점과 일치해야 한다.

⑧ 감압계획을 임의로 수정, 변경하지 말아야 한다. (단 잠수사가 극심한 추위에 노출되었거나 중작업에 의한 피로감을 호소한다면 수심은 그대로 유지하고 해저체류시간만 한 단계 더 증가시킨다.)

비감압 한계 및 반복기호 지정표

─ 수심 비감압한계시간

피트	미터	분	A	B	C	D	E	F	G	H	I	J	K	L	M	N	O	P
10	3.0	무제한	57	101	158	245	426	*										
15	4.6	무제한	36	60	88	121	163	217	297	449	*							
20	6.1	무제한	26	43	61	82	106	133	165	205	256	330	461	*				
25	7.6	595	20	33	47	62	78	97	117	140	166	198	236	285	354	469	595	
30	9.1	371	17	27	38	50	62	76	91	107	125	145	167	193	223	260	307	371
35	10.7	232	14	23	32	42	52	63	74	87	100	115	131	148	168	190	215	232
40	12.1	163	12	20	27	36	44	53	63	73	84	95	108	121	135	151	163	
50	15.2	92	9	15	21	28	34	41	48	56	63	71	80	89	92			
60	18.2	60	7	12	17	22	28	33	39	45	51	57	60					
70	21.3	48	6	10	14	19	23	28	32	37	42	47	48					
80	24.3	39	5	9	12	16	20	24	28	32	36	39						
90	27.4	30	4	7	11	14	17	21	24	28	30							
100	30.4	25	4	6	9	12	15	18	21	25								
110	33.5	20	3	6	8	11	14	16	19	20								
120	36.6	15	3	5	7	10	12	15										
130	39.6	10	2	4	6	9	10											
140	42.6	10	2	4	6	8	10											
150	45.7	5	2	3	5													
160	48.7	5		3	5													
170	51.8	5			4													
180	54.8	5			4	5												
190	59.9	5			3	5												

표면경과시간과 반복잠수를 위한 잔여질소시간표

1. 표준공기감압표 또는 비감압 한계시간 및 반복기호 지정표에서 첫 잠수의 반복기호였던 알파벳을 대각선상에서 찾는다.
2. 대각선에서 찾은 반복기호의 알파벳을 수평으로 이동하면서 표면경과시간에 해당하는 시간을 찾는다.
3. 해당되는 표면경과시간을 찾은 후 수직 아래로 내려가면 새 반복기호의 알파벳을 지정받는다.
4. 새 기호와 잔여질소시간표의 반복잠수심을 교차시키면 잔여질소시간을 알 수 있다.

	Z	O	N	M	L	K	J	I	H	G	F	E	D	C	B	A
A																:10 2:00
B															:10 1:16	1:17 3:36
C														:10 :55	:56 2:11	2:12 4:31
D													:10 :52	:53 1:47	1:48 3:03	3:04 5:23
E												:10 :52	:53 1:44	1:45 2:39	2:40 3:55	3:56 6:15
F											:10 :52	:53 1:44	1:45 2:37	2:38 3:31	3:32 4:48	4:49 7:08
G										:10 :52	:53 1:44	1:45 2:37	2:38 3:29	3:30 4:23	4:24 5:40	5:41 8:00
H									:10 :52	:53 1:44	1:45 2:37	2:38 3:29	3:30 4:21	4:22 5:16	5:17 6:32	6:33 8:52
I								:10 :52	:53 1:44	1:45 2:37	2:38 3:29	3:30 4:21	4:22 5:13	5:14 6:08	6:09 7:24	7:25 9:44
J							:10 :52	:53 1:44	1:45 2:37	2:38 3:29	3:30 4:21	4:22 5:13	5:14 6:06	6:07 7:00	7:01 8:16	8:17 10:36
K						:10 :52	:53 1:44	1:45 2:37	2:38 3:29	3:30 4:21	4:22 5:13	5:14 6:06	6:07 6:58	6:59 7:52	7:53 9:09	9:10 11:29
L					:10 :52	:53 1:44	1:45 2:37	2:38 3:29	3:30 4:21	4:22 5:13	5:14 6:06	6:07 6:58	6:59 7:50	7:51 8:44	8:45 10:01	10:02 12:21
M				:10 :52	:53 1:44	1:45 2:37	2:38 3:29	3:30 4:21	4:22 5:13	5:14 6:06	6:07 6:58	6:59 7:50	7:51 8:42	8:43 9:37	9:38 10:53	10:54 13:13
N			:10 :52	:53 1:44	1:45 2:37	2:38 3:29	3:30 4:21	4:22 5:13	5:14 6:06	6:07 6:58	6:59 7:50	7:51 8:42	8:43 9:34	9:35 10:29	10:30 11:45	11:46 14:05
O		:10 :52	:53 1:44	1:45 2:37	2:38 3:29	3:30 4:21	4:22 5:13	5:14 6:06	6:07 6:58	6:59 7:50	7:51 8:42	8:43 9:34	9:35 10:27	10:28 11:21	11:22 12:37	12:38 14:58
Z	:10 :52	:53 1:44	1:45 2:37	2:38 3:29	3:30 4:21	4:22 5:13	5:14 6:06	6:07 6:58	6:59 7:50	7:51 3:42	3:43 9:34	9:35 10:27	10:28 11:19	11:20 12:13	12:14 13:30	13:31 15:50

관리자는 잠수사를 물에 보내는 마지막 사람이다

잔류 질소 시간표

반복 잠수 수심 피트	Z	O	N	M	L	K	J	I	H	G	F	E	D	C	B	A
10	**	**	**	**	**	**	**	**	**	**	**	427	246	159	101	58
15	**	**	**	**	**	**	**	**	450	298	218	164	122	89	61	37
20	**	**	**	**	**	462	331	257	206	166	134	106	83	62	44	27
25			470	354	286	237	198	167	141	118	98	79	63	48	34	21
30	372	308	261	224	194	168	146	126	108	92	77	63	51	39	28	18
35	245	216	191	149	132	116	101	88	88	75	64	53	43	33	24	15
40	188	169	152	136	122	109	97	85	74	64	55	45	37	29	21	13
45	154	140	127	115	104	93	83	73	64	56	48	40	32	25	18	12
50	131	120	109	99	90	81	73	65	57	49	42	35	29	23	17	11
55	114	105	96	88	80	72	65	58	51	44	38	32	26	20	15	10
60	101	93	86	79	72	65	58	52	46	40	35	29	24	19	14	9
70	83	77	71	65	59	54	49	44	39	34	29	25	20	16	12	8
80	70	65	60	55	51	46	42	38	33	29	25	22	18	14	10	7
90	61	57	52	48	44	41	37	33	29	26	22	19	16	12	9	6
100	54	50	47	43	40	36	33	30	26	23	20	17	14	11	8	5
110	48	45	42	39	36	33	30	27	24	21	18	16	13	10	8	5
120	44	41	38	35	32	30	27	24	22	19	17	14	12	9	7	5
130	40	37	35	32	30	27	25	22	20	18	15	13	11	9	6	4
140	37	34	32	30	27	25	23	21	19	16	14	12	10	8	6	4
150	34	32	30	28	26	23	21	19	17	15	13	11	9	8	6	4
160	32	30	28	26	24	22	20	18	16	14	13	11	9	7	5	4
170	30	28	26	24	22	21	19	17	15	14	12	10	8	7	5	3
180	28	26	25	23	21	19	18	16	14	13	11	10	8	6	5	3
190	26	25	23	22	20	18	17	15	14	12	11	9	8	6	5	3

예제 1

잠수사 수심 129ft/:05분간 공기 잠수하였다. 감압계획은?

상황	수심/시간
하잠시간	:02
스테이지 수심	129
수심보정값	129+2=131
총 해저 체류시간	:05
사용감압표	140/06
첫 정지점까지 상승시간(계획)	:04 ::18
상승시간 실제수중-해면	

상황	수심/시간
총 감압시간	:04 ::18
총 잠수시간	:10
반복기호	C

예제 2

잠수사 수심 125ft/:22분간 공기 잠수하였다. 감압계획은?

상황	수심/시간
하잠시간	:02
스테이지 수심	125
수심보정값	125+2=127
총 해저 체류시간	:22
사용감압표	130/25
첫 정지점까지 상승시간(계획)	:03 ::30
상승시간 실제수중-해면	::40

상 황	수심/시간
감압시간	20Ft :17
총 감압시간	:22
총 잠수시간	:44
반복기호	K

Chapter. Surface Decompression(표면감압)

Reference

US Navy Diving Manual, Revision 7A(2018)

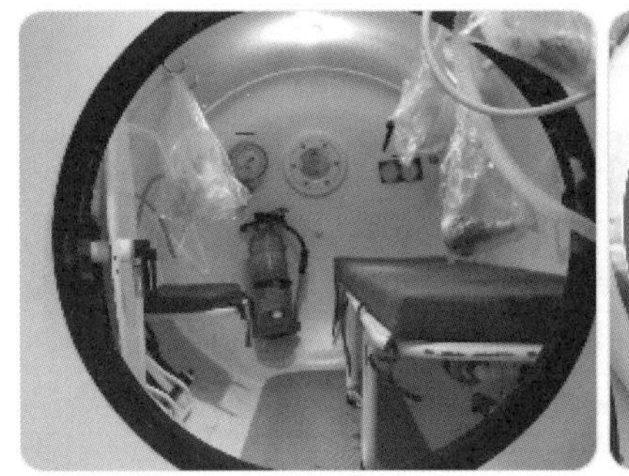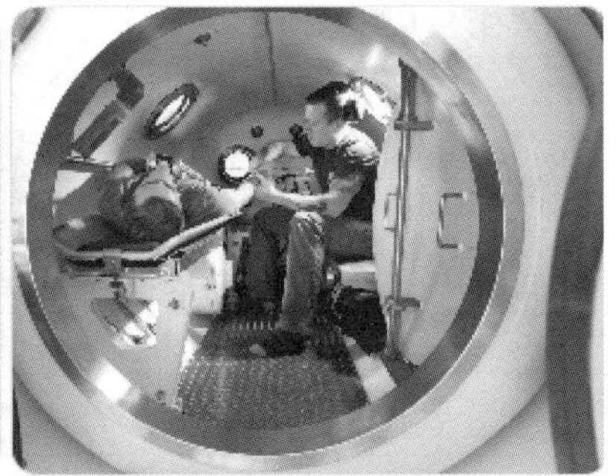

1. 정의

[Ref: Rev.7A, Chapter □, Section □]
[English — Official Text]

Surface Decompression is a procedure in which a diver ascends to the surface before completing required decompression and is transferred to a decompression chamber within a specified time limit to complete decompression under pressure.

  관리자는 잠수사를 물에 보내는 마지막 사람이다

[공식 번역]

표면감압(Surface Decompression)이란, 잠수사가 수중에서 요구되는 감압을 완료하지 않고 수면으로 상승한 후, **정해진 시간 제한 내에 감압 챔버로 이송되어 가압 환경에서 감압을 완료하는 절차**를 말한다.

2. 기본 원칙

[Ref: Rev.7A, Chapter □, Section □]
[English — Official Text]

Surface Decompression shall only be conducted under strictly controlled conditions and is not intended as a convenience alternative to in-water decompression.

[공식 번역]

표면감압은 **엄격히 통제된 조건하에서만 수행되어야 하며,** 수중 감압을 대체하는 **편의적 수단으로 사용되어서는 안 된다.**

[English — Official Text]

Surface Decompression is a substitute decompression method and shall only be used when all procedural, equipment, and personnel requirements are met.

[공식 번역]

표면감압은 감압 수행 방식의 대체 수단이며, **절차 · 장비 · 인력 요건이 모두 충족된 경우에만** 적용될 수 있다.

3. 수면 간격 제한

[Ref: Rev.7A, Chapter □, Section □]
[English — Official Text]

The time between the diver's arrival at the surface and the start of recompression in the chamber shall be strictly limited. Exceeding this limit invalidates the surface decompression procedure.

[공식 번역]

잠수사가 수면에 도달한 시점부터 감압 챔버에서 재가압이 시작될 때까지의 시간은 **엄격히 제한되어야 하며**, 이 제한을 초과할 경우 해당 표면감압 절차는 **더 이상 유효하지 않다.**

[English — Official Text]

Delays in recompression significantly increase the risk of decompression sickness.

[공식 번역]

재가압 지연은 감압병 발생 위험을 **현저히 증가시킨다.**

    관리자는 잠수사를 물에 보내는 마지막 사람이다

4. 감독자의 권한과 책임

[Ref: Rev.7A, Chapter □, Section □]
[English — Official Text]

The Dive Supervisor has the authority and responsibility to terminate a dive or decompression procedure whenever unsafe conditions are suspected, regardless of the diver's willingness to continue.

[공식 번역]

잠수 감독자는 잠수사의 계속 작업 의지와 관계없이, **안전하지 않다고 판단되는 경우 잠수 또는 감압 절차를 중단시킬 권한과 책임**을 가진다.

[English — Official Text]

The supervisor's responsibility is independent of the diver's consent.

[공식 번역]

감독자의 책임은 잠수사의 동의 여부와 **독립적**이다.

5. 중단 기준

[Ref: Rev.7A, Chapter □, Section □]
[English — Official Text]

Any abnormal breathing, communication, or behavior is sufficient reason to terminate the dive or decompression procedure.

[공식 번역]

호흡, 통신 또는 행동에서 **어떠한 비정상 징후라도** 확인될 경우, 이는 잠수 또는 감압 절차를 **즉시 중단하기에 충분한 사유**가 된다.

[English — Official Text]

Loss or impairment of voice communication requires immediate termination of the dive.

[공식 번역]

음성 통신의 상실 또는 기능 저하는 **즉각적인 잠수 종료 사유**이다.

6. 예방적 중단

[Ref: Rev.7A, Chapter □, Section □]
[English — Official Text]

Preventive termination for safety reasons shall be considered a positive safety outcome and shall not result in penalty.

[공식 번역]

안전을 이유로 한 예방적 중단은 **부정적인 결과가 아니라 긍정적인 안전 성과로 간주되며**, 이에 대해 어떠한 불이익도 발생해서는 안 된다.

7. 기록 및 문서화

[Ref: Rev.7A, Chapter □, Section □]
[English — Official Text]

Records shall be maintained to demonstrate compliance with safety procedures and supervisory responsibilities.

[공식 번역]

안전 절차 및 감독자 책임 이행 여부를 입증하기 위해 **관련 기록은 유지·관리되어야 한다.**

[English — Official Text]

Absence of documented criteria exposes supervisors to retrospective responsibility.

[공식 번역]

문서화된 기준이 존재하지 않을 경우, 감독자는 **사후적인 책임 추궁에 노출된다.**

8. 핵심 교육 문장

[Ref: Rev.7A, Chapter □]
[English — Official Text]

Surface Decompression is a time-critical decompression method requiring decisive supervisory control.

[공식 번역]

표면감압은 **시간 관리가 핵심인 감압 방식이며,** 감독자의 **단호하고 즉각적인 통제**를 요구한다.

Standards Adoption Statement
적용 기준 선언문

1. 목적(Purpose)

　본 선언문은 본 기관(또는 본 교육·운영 문서)이 **표면감압(Surface Decompression)**을 포함한 잠수 및 감압 절차의 적용 기준으로 어떠한 기술·안전 기준을 채택하고 있는지를 명확히 하기 위해 작성되었다.

2. 채택 기준(Adopted Standards)

본 기관은 잠수 작업 및 표면감압 절차에 대하여 다음의 기준을 채택한다.

US Navy Diving Manual, Revision 7A(2018)

- 잠수 및 감압 절차의 **기본 기술 기준(Primary Technical Standard)**

KOSHA산업안전보건 기준 및 산업잠수 안전지침

- 국내 법적·행정적 **최소 준수 기준(Minimum Regulatory Standard)**

- 국제 산업잠수 분야의 **모범사례(Best Practice)** 및 안전관리 참고 기준

3. 기준 적용 원칙(Principles of Application)

US Navy Diving Manual Rev.7A는 본 기관의 잠수 및 표면감압 절차에 대한 **우선 적용 기준**으로 사용된다.

KOSHA 기준은 국내 법령 및 규제 준수를 위한 **하한 기준(Minimum requirement)**으로 적용된다. IMCA 기준은 위험 평가, 예방적 중단, 기록 관리 등에서 **보완적 · 참고 기준**으로 활용된다.

4. 기준 간 충돌 시 적용 원칙(Hierarchy of Standards)

서로 다른 기준 간 요구사항이 상이하거나 충돌하는 경우, 본 기관은 **다음 원칙에 따라 기준을 적용한다.**

가장 엄격한 안전 요구사항을 우선 적용한다.

감독자 판단 권한, 중단 기준, 시간 제한과 관련된 사항에서는 **보다 보수적인 기준을 채택한다.**

본 선언문에서 채택한 기준 중 어느 하나라도 안전 수준을 저하시킬 수 있도록 해석되지 않는다.

5. 표면감압 적용에 대한 선언(Surface Decompression Statement)

본 기관은 표면감압을 편의적 감압 방식이 아닌 **예외적 · 고통제 감압 절차**로 인식하며, US Navy Diving Manual Rev.7A에 규정된 시간 제한, 감독자 권한, 중단 기준, 기록 및 문서화 요구사항을 **그대로 적용한다.**

특히, 안전을 이유로 한 예방적 중단은 **부정적인 결과가 아니라 긍정적인 안전 성과**로 간주되며, 이에 대해 어떠한 불이익도 발생하지 않는다.

6. 책임 및 해석에 대한 선언(Responsibility and Interpretation)

잠수 감독자의 안전 판단 책임은 잠수사의 동의 여부와 **독립적**으로 유지된다.

본 선언문은 특정 기준의 완화 또는 책임 회피를 목적으로 하지 않는다.

모든 절차 해석은 **안전 확보를 최우선 원칙**으로 한다.

7. 문서 관리(Document Control)

본 선언문은 잠수 및 감압 관련 모든 내부 절차서, 교재, 교육 자료의 **상위 기준 문서**로 적용된다.

적용 기준의 개정 또는 변경 시, 본 선언문 또한 재검토 및 개정된다.

8. 공식 선언문(Submission Statement)

본 기관은 잠수 및 표면감압 절차의 안전 확보를 위해 US Navy Diving Manual Rev.7A를 기본 기술 기준으로 채택하며, KOSHA 및 IMCA 기준과 상충되지 않는 범위 내에서 가장 보수적이고 엄격한 안전 기준을 적용함을 공식적으로 선언한다.

Issued by: ___________________________________

Title: ___________________________________

Organization: ___________________________________

Date: ___________________________________

표면산소감압표 사용

1. 산소 표면 감압(SurDO2)

산소 표면 감압은 잠수사의 감압 의무 전체 또는 일부를 물속 대신 재압 챔버(Recompression chamber)에서 이행하는 기술입니다. 물속 감압은 시간이 많이 걸리고 불편하며 지원 선박의 이동 능력을 저해합니다. 표면 감압의 장점은 다음과 같습니다.

- 잠수사가 물속에서 보내야 하는 시간을 줄여 줍니다.
- 잠수사의 안전을 강화합니다.
- 물속 노출 시간을 줄여 차가운 물에서 잠수할 때 잠수사가 위험한 수준으로 체온이 떨어지는 것을 방지합니다.
- 잠수사는 해수면 상태의 영향을 받지 않고 재압 챔버 내에서 일정한 압력을 유지할 수 있습니다.
- 작업 속도를 높여 줍니다. 재압 챔버와 표면 공급식 잠수 시스템이 별도의 공기 공급 장치를 가지고 있다면, 잠수사가 재압 챔버로 회수된 후 두 번째 잠수팀이 하강을 시작할 수 있습니다.

수중 감압으로 인한 지연은 지원 선박에 다른 문제를 일으킬 수 있습니다: 날씨, 적의 위협, 또는 운항 일정 제약. 수중 감압은 필요한 경우 의학적 치료를 지연시키고 심각한 저체온증 및 사고 가능성을 높입니다. 이러한 이유로 감압은 종종 지원 선박의 재압 챔버에서 이루어집니다.

산소 표면 감압 모드를 사용하여 잠수사를 감압하려면, 40 fsw(피트 해수) 수중 정지 종료 시점

    관리자는 잠수사를 물에 보내는 마지막 사람이다

까지 수중 공기 감압표(맨 윗줄)를 따르고, 아래 주어진 규칙에 따라 표면 감압을 시작하십시오. 공기 감압표에 40 fsw 수중 정지가 없으면, 정지 없이 잠수사를 수면으로 올리십시오. 두 경우 모두, 잠수사가 40 fsw를 떠나는 순간부터 표면 간격(Surface interval) 시간을 측정하기 시작하십시오. 재압 챔버에서 필요한 산소 시간은 표의 끝에서 두 번째 열에 표시되어 있습니다. 산소 시간은 주기(Periods)로 나뉩니다. 각 기간은 30분 길이이며, 각 반주기(Half-period)는 15분 길이입니다. 처음 15분은 항상 챔버 내 50 fsw에서 보내며, 나머지 산소 시간은 40 fsw에서 보냅니다. 만약 일정에서 산소 반 주기만 요구한다면, 잠수사는 챔버 내 50 fsw에서 15분간 산소를 호흡한 후, 분당 30 fsw로 수면으로 상승합니다. 표면 감압 잠수에 대한 반복 그룹 지정자(Repetitive group designator)는 표의 마지막 열에 표시되어 있으며, 공기 감압 잠수에 대한 반복 그룹 지정자와 동일합니다.

1-1. 산소 표면 감압 절차

1. 40 fsw 및 그보다 깊은 곳에서 필요한 감압 정지를 공기로 완료합니다.

2. 40 fsw 정지 완료 시, 분당 40 fsw로 잠수사를 수면으로 올립니다. 40 fsw 수중 정지가 필요하지 않은 경우, 잠수사를 해저에서 40 fsw까지 분당 30 fsw로 올린 후, 40 fsw에서 수면까지 분당 40 fsw로 올립니다. 잠수사가 수면에 도착하면, 보조원(Tenders)은 잠수 장비와 잠수복을 제거하고 잠수사가 재압 챔버에 들어가는 것을 도울 약 3분 30초의 시간이 있습니다.

3. 잠수사와 보조원을 재압 챔버에 배치합니다. 보조원의 임무는 후속 재압 중 잠수사에게 감압병 및 중추신경계 산소 중독 징후가 있는지 면밀히 관찰하는 것입니다. 두 명의 잠수사가 동시에 표면 감압을 하는 경우, 잠수 감독관은 내부 보조원을 사용하지 않기로 결정할 수 있습니다. 이 경우, 두 잠수사는 상부 인원들의 면밀한 관찰 외에 서로를 신중하게 관찰합니다.

4. 최대 분당 100 fsw의 압축 속도로 잠수사를 50 fsw까지 공기로 압축합니다. 표면 간격은 잠수사가 40 fsw 수중 정지를 떠난 시간부터 챔버 내 50 fsw에 도착한 시간까지의 경과 시간입니다. 정상적인 표면 간격은 5분을 초과해서는 안 됩니다.

   · **경고**: 물속 40 fsw를 떠나는 시점부터 챔버 내 50 fsw에 도착하는 시점까지의 간격이 5분을 초과하면 불이익이 발생할 수 있습니다.

50 fsw에 도착하면, 마스크를 통해 100% 산소를 잠수사에게 공급합니다. 잠수사에게 좋은 산소 밀봉을 위해 마스크 끈을 단단히 조이도록 지시합니다.

챔버 내에서, 공기 감압표 끝에서 두 번째 열에 표시된 30분 1주기 및 15분 반주기 동안 잠수사에게 산소를 호흡시킵니다. 첫 번째 1주기는 50 fsw에서 15분간 산소 호흡 후 40 fsw에서 15분간 산소 호흡으로 구성됩니다. 2~4주기는 40 fsw에서 보냅니다. 4주기 이상이 필요한 경우, 나머지 주기는 30 fsw에서 보냅니다. 50 fsw에서 40 fsw로, 40 fsw에서 30 fsw로의 상승은 분당 30 fsw로 이루어집니다. 50 fsw에서 40 fsw까지의 상승 시간은 첫 번째 산소 주기에 포함됩니다. 40 fsw에서 30 fsw로의 상승(필요한 경우)은 공기 휴식 시간 동안 이루어져야 합니다.

30분 산소 호흡 후 5분간의 공기 휴식으로 산소 호흡을 중단합니다. 이 공기 시간은 '데드 타임(Dead time)'으로 간주됩니다. 산소 시간은 잠수사가 50 fsw에서 산소를 호흡하는 것이 확인된 시점부터 시작됩니다.

마지막 산소 호흡 기간이 완료되면, 잠수사를 다시 챔버 공기를 호흡하도록 합니다.

분당 30 fsw로 수면으로 상승합니다.

□ 예시

표면 공급식 잠수사가 최대 깊이 118 fsw에서 65분간 공기 잠수를 합니다. 잠수사를 산소 표면 감압 모드를 사용하여 감압할 계획입니다. 올바른 감압 절차는 무엇입니까?

1. 공기 감압표에서 다음으로 더 깊은 깊이인 120 fsw와 다음으로 더 긴 해저 시간인 70분으로 들어갑니다.

2. "Air"(공기)라고 표시된 행을 따라 읽습니다. 40 fsw에서 공기로 13분간 감압 정지가 필요합니다. 계속해서 "Chamber O2 Periods"(챔버 산소 기간)라고 표시된 열까지 행을 따라 읽습니다. 2.5 챔버 산소 기간이 필요합니다.

3. 잠수사는 118 fsw에서 40 fsw까지 분당 30 fsw로 상승하고, 40 fsw에서 공기로 13분을 보낸 후, 분당 40 fsw로 수면으로 상승합니다. 수면 상승은 1분이 걸립니다.

4. 수면에 도착하면 잠수사는 가능한 한 빨리 옷을 벗고 재압 챔버에 배치되며, 공기로 50 fsw

    관리자는 잠수사를 물에 보내는 마지막 사람이다

까지 재압됩니다. 40 fsw를 떠나 챔버 내 50 fsw에 도착하기까지 총시간은 일반적으로 5분을 초과해서는 안 됩니다.

5. 50 fsw에 도착하면, 잠수사는 마스크로 100% 산소를 호흡하며 15분간 산소를 호흡합니다. 산소 시간은 잠수사가 산소 마스크를 착용한 시점부터 시작됩니다.

6. 50 fsw에서 15분간 산소 호흡 후, 잠수사는 마스크로 계속 산소를 호흡하면서 분당 30 fsw로 40 fsw까지 상승합니다. 40 fsw까지 상승하는 데는 20초가 걸립니다. 잠수사는 40 fsw에서 추가로 14분 40초 동안 산소를 계속 호흡합니다. 이것으로 첫 번째 30분 산소 주기가 끝나고, 잠수사는 5분간의 공기 휴식을 취합니다.

7. 공기 휴식 완료 후, 잠수사는 마스크로 다시 30분간 산소를 호흡합니다. 이것으로 두 번째 30분 산소 주기가 끝나고, 잠수사는 두 번째 5분간의 공기 휴식을 취합니다.

8. 두 번째 공기 휴식 완료 후, 잠수사는 필요한 나머지 반 주기인 15분 동안 산소를 다시 호흡합니다.

9. 이 마지막 반 주기의 산소 호흡이 완료되면, 잠수사는 산소 마스크를 벗고 챔버 공기를 호흡합니다. 잠수사는 공기를 호흡하면서 분당 30 fsw로 수면으로 올려집니다.

10. 이 잠수에 대한 반복 그룹 지정자는 표시되지 않습니다. 잠수사는 다음 잠수 전에 18시간을 기다려야 합니다.

1-2. 30 및 20 fsw에서의 표면 감압

잠수 감독관은 원하는 경우 수중 감압 중 어느 시점에서든 30 또는 20 fsw에서 표면 감압을 시작할 수 있습니다. 해상 상태가 악화되거나, 잠수사의 상태가 좋지 않거나, 기타 비상 상황이 발생하면 표면 감압이 바람직해질 수 있습니다. 잠수사가 공기 또는 산소로 감압 중인지 여부에 관계없이 표면 감압을 시작할 수 있습니다. 잠수 감독관은 표면 감압 일정에 나열된 전체 챔버 산소 기간을 지정하거나, 이미 물속에서 공기 또는 산소로 보낸 시간을 인정하여 해당 기간 수를 줄이기로 결정할 수 있습니다.

1. 잠수사가 산소로 전환되기 전에 표면 감압이 선택된 경우, 표에 규정된 전체 챔버 산소 주기를 취합니다.

2. 잠수사가 산소로 전환된 후 표면 감압이 선택된 경우, 정지 시 남은 산소 시간에 1.1을 곱하고, 그 총합을 30분으로 나눈 다음, 결과를 다음으로 가장 높은 반 기간으로 반올림하여 필요한 챔버 산소 주기 수를 계산합니다. 최소 요구 사항은 반주기(50 fsw에서 15분)입니다.

□ 예시

감독관은 잠수사에게 30 fsw에서 5분, 20 fsw에서 33분의 남은 산소 시간이 있을 때 표면 감압을 선택합니다. 총 남은 산소 시간은 38분입니다. 필요한 30분 SurDO2 기간 수는(1.1× 38)/30=1.39입니다. 이 숫자는 1.5로 반올림됩니다.

잠수사가 공기로 감압 중일 때 표면 감압이 선택된 경우, 먼저 정지 시 남은 공기 시간을 정지 시 동등한 남은 산소 시간으로 변환한 다음, 위와 같이 이 남은 산소 시간을 필요한 챔버 산소 주기 수로 변환합니다.

□ 30 fsw에 있는 잠수사의 경우

먼저 표에 나열된 30 fsw 공기 정지 시간을 30 fsw 산소 시간으로 나누어 30 fsw에서의 공기/산소 교환 비율을 계산합니다. 다음으로, 30 fsw에서의 남은 공기 시간을 공기/산소 교환 비율로 나누어 30 fsw에서의 동등한 남은 산소 시간을 결정합니다. 표에 표시된 20 fsw에서의 산소 시간을 30 fsw에서의 동등한 남은 산소 시간에 더하여 총 남은 산소 시간을 얻습니다. 정지 시 남은 산소 시간에 1.1을 곱하고, 그 총합을 30분으로 나눈 다음, 결과를 다음으로 가장 높은 반 주기로 반올림하여 필요한 챔버 산소 주기 수를 계산합니다. 최소 요구 사항은 반주기(50 fsw에서 15분)입니다.

□ 20 fsw에 있는 잠수사의 경우

20 fsw 공기 정지 시간을 20 fsw 산소 시간으로 나누어 20 fsw에서의 공기/산소 교환 비율을 계산합니다. 20 fsw에서의 남은 공기 시간을 공기/산소 교환 비율로 나누어 동등한 남은 산소 시간을 얻습니다. 정지 시 남은 산소 시간에 1.1을 곱하고, 그 총합을 30분으로 나눈 다음, 결과를 다음

으로 가장 높은 반주기로 반올림하여 필요한 챔버 산소 주기 수를 계산합니다. 최소 요구 사항은 반주기(50 fsw에서 15분)입니다.

□ 예시

잠수사에게 20 fsw에서 공기로 50분간 단일 정지를 요구하는 일정이 있습니다. 해당하는 20 fsw 산소 정지 시간은 27분입니다. 20 fsw에서 공기로 20분을 보낸 후, 잠수 감독관은 잠수사를 표면 감압하기로 선택합니다. 20 fsw에서의 공기/산소 교환 비율은 50/27=1.85입니다. 즉, 20 fsw 에서 공기로 보내는 매 1.85분은 20 fsw에서 산소로 보내는 1분과 동등합니다. 20 fsw에서의 남은 공기 시간은 50 - 20=30분입니다. 20 fsw에서의 동등한 남은 산소 시간은 30/1.85=16.2분입니다. 이 남은 산소 시간은 다음 정수분인 17분으로 반올림됩니다. 필요한 30분 SurDO2 주기 수는(1.1× 17)/30=0.62입니다. 이 숫자는 1.0으로 반올림됩니다.

1-3. 감압 모드 선택

총 감압 정지 시간이 15분을 초과하지 않는 잠수에는 수중 공기 감압이 가장 적합한 모드입니다. 대부분의 잠수가 이 범주에 속합니다. 수중 공기 감압은 ORCA 및/또는 재압 챔버를 잠수 지점에 가져와야 하는 추가적인 병참 부담을 피할 수 있습니다.

총 공기 및 산소 수중 감압 시간이 15분을 초과하고 산소 표면 감압이 실행 가능한 대안이 아닐 때는 수중 공기 및 산소 감압이 강력히 권장됩니다. 표면 감압은 재압 챔버가 잠수 지점에 없거나, 오염된 물 잠수 후 짧은 표면 간격으로 인해 잠수사 제독에 충분한 시간이 허용되지 않아 불가능 할 수 있습니다. 수중 공기 및 산소 감압은 물속 총 공기/산소 감압 시간이 90분을 초과하지 않는 잠수에 가장 적합합니다. 시간이 길어지면 중추신경계 산소 중독 및 환경 노출 위험이 증가합니다. 물속 총 공기/산소 감압 시간이 90분을 초과하는 경우, OPNAVINST 3150.27(시리즈)에 따라 예외적 노출 잠수 수행 허가를 받지 않는 한 산소 표면 감압이 필요합니다.

한국산업안전보건공단

KOSHA GUIDE

G-128-2020

잠수용 기압조절실을 이용한 감압병 응급조치에 관한 지침

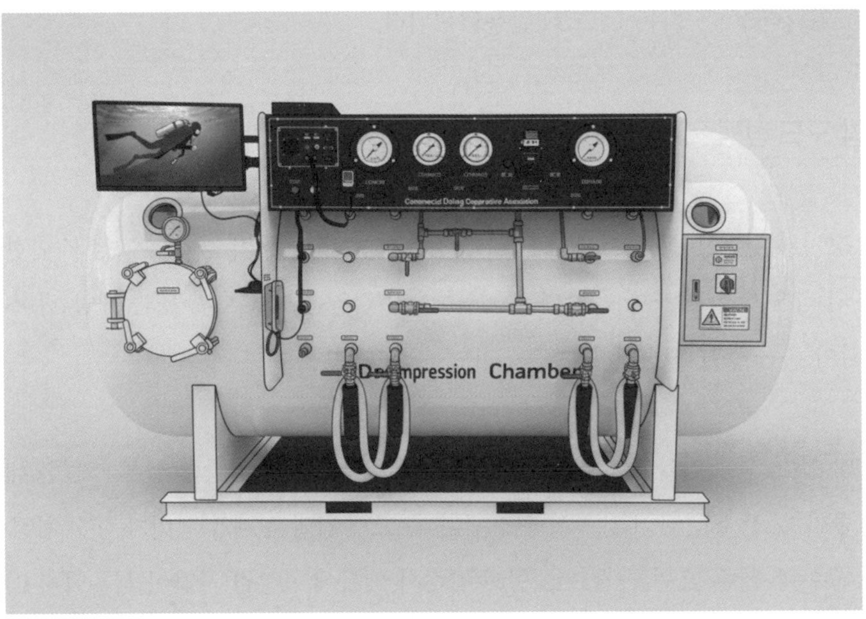

2020. 12.

한국산업안전보건공단

안전보건기술지침의 개요

○ **작성자**: 한국산업안전보건공단 산업안전보건연구원 강준혁, 정은교

○ **제 · 개정경과**
- 2018년 11월 산업보건일반분야 기준제정위원회 심의(제정)
- 2020년 11월 산업보건일반분야 표준제정위원회 심의(개정)

○ **관련 규격 및 자료**
- U.S. Navy Diving Manual Rev7(0910-LP-118-3027)
- Diving and Hyperbaric Medicine Review for Physicians
- Diving Medic Field Operations-A Practical Guide

○ **관련 법규 · 규칙 · 고시 등**
- 산업안전보건법 제39조(보건조치)
- 산업안전보건기준에 관한 규칙 제538조(부상의 특례 등)
- 고기압작업에 관한 기준(고용노동부고시 제2020-59호)

○ **기술지침의 적용 및 문의**
- 이 기술지침에 대한 의견 또는 문의는 한국산업안전보건공단 홈페이지(www.kosha.or.kr)의 안전보건기술지침 소관 분야별 문의처 안내를 참고하시기 바랍니다.
- 이 지침 내에서 인용된 관련규격 및 자료, 법규 등에 관하여 최근 개정본이 있을 경우에는 해당 개정본의 내용을 참고하시기 바랍니다.

공표일자: 2020년 12월

제 정 자: 한국산업안전보건공단 이사장

잠수용 기압조절실을 이용한 감압병 응급조치에 관한 지침

1. 목적

이 지침은 산업안전보건법 제39조(보건조치), 산업안전보건기준에 관한 규칙 제538조(부상의 특례 등), 고용노동부고시(제2020-59호) 「고기압작업에관한기준」에 의거 잠수용 기압조절실을 이용한 감압병 응급조치 등에 관한 기술적 사항을 정함을 목적으로 한다.

2. 적용범위

이 지침은 잠수작업자를 위한 지침으로서 잠수작업 현장에서 기압조절실을 이용한 감압병 응급조치에 적용한다.

3. 용어의 정의

(1) 이 지침에서 사용되는 용어의 정의는 다음과 같다.

    (가) "치료표(Treatment Table)"라 함은 불활성기체에 의한 건강장해 징후 또는 건강장해 우려가 있을 때 기압조절실 내부를 대기압보다 높은 압력, 압력 유지 시간, 산소공급시간을 정한 그래프를 말한다.

    (나) "실내텐더(Inside Tender)"라 함은 기압조절실 내에 있으면서 잠수작업자의 편의를 도모하거나 응급처치를 시행하는 자를 말한다.

    (다) "잠수응급처치사(Diver Medic Technician, DMT)"라 함은 소정의 잠수작업 관련 응급처치 교육을 이수하고 해당 직무능력을 보유한 잠수작업자를 말한다.

    (라) "절대압력(Absolute pressure)"이라 함은 완전한 진공(0 bar)을 기준으로 측정한 압력이며, 게이지압력은 대기압을 기준으로 측정한 압력이다.

(2) 기타 이 지침에서 사용하는 용어의 정의는 특별한 규정이 있는 경우를 제외하고는 산업안전보건법, 같은 법 시행령, 같은 법 시행규칙 및 산업안전보건기준에 관한 규칙 및 관련 고시에서 정하는 바에 의한다.

4. 기압조절실 운영

4.1 기압조절실 운영 인력

(1) 기압조절실을 이용하여 응급조치를 할 때의 운영 인력은 〈표 3〉에 따른다.

〈표 3〉 기압조절실 운영 인력

운영 인력	최소	최적	비상
잠수작업 감독자	-	1	-
기압조절실 운영감독자	1	1	1
잠수의학 전문의사	-	1	-
실내 텐더/잠수응급처치사	1	1	1
기록 담당자	-	1	-
실외 탠더	1	1	-
합 계	3	6	2

· 기압조절실을 운영하는 자 모두는 해당분야 직무능력을 갖추어야 한다.

· 최소 또는 비상인원으로 기압조절실을 운영하는 때, 기압조절실 운영감독자는 반드시 인원보강을 하여야 한다.

· 전문의료인을 기다리기 위해 응급조치를 미루지 않는다.

· 반드시 실내 보조사를 기압조절실 내에 배치한다.

· 실내보조사가 감압을 해야 하는 경우에는 감압절차에 따른다.

4.2 기압조절실 운영인력의 직무

(1) 잠수작업 감독자는 다음과 같은 직무를 수행한다.

　　(가) 응급상황 대응조직 구성 및 구성원 확인 후 게시

　　(나) 응급상황 대비 훈련을 계획 및 감독

　　(다) 잠수작업 및 감압 계획 수립

(라) 기록자 부재 시 잠수 및 응급처치 기록 유지

(마) 기압조절실 운영 감독자 부재 시 기압조절실 운영 감독

(2) 기압조절실 운영 감독자의 직무는 다음과 같다.

(가) 기압조절실 내부에 체류하는 자와 통신

(나) 잠수 전문의사와 연락하여 응급상황 알림 및 도움 요청

(다) 기압조절실을 이용한 감압 관리 감독

(라) 치료표 운영 감독

(마) 치료표 운영시간 연장

(바) 잠수의학 전문의사에게 치료표 변경 요청

(3) 실내 텐더/잠수응급처치사의 직무는 다음과 같다.

(가) 기압조절실 출입문 개폐 보조

(나) 기압조절실 운영을 감독하는 자와 통신

(다) 응급처치(응급처치 교육 훈련을 이수한 경우에 한함)

(라) 기압조절실 내 잠수작업자의 활력징후 모니터링

(마) 기압조절실 내 잠수작업자 산소마스크 사용 보조

(바) 기압조절실 내 잠수작업자 산소 중독증상 관찰

(사) 기압조절실 내 잠수작업자 보호

(4) 기록 담당자는 잠수 및 기압조절실 운영상황을 기록하여 관리하며, 기압조절실 운영을 보조한다.

(5) 실외 텐더는 기압조절실을 점검하고 청결하게 유지하며, 기압조절실 운영을 감독하는 자의 감독하에 기압조절실을 운영한다. 기록자가 부재 시 기록을 작성한다.

4.3 기압조절실의 점검

기압조절실 점검에 관한 사항은 안전보건기술지침 G-122-2016「잠수용기압조절실점검 관리 기술지침」에 따른다.

 관리자는 잠수사를 물에 보내는 마지막 사람이다

4.4 기압조절실용 산소마스크(Built-in breathing system, BIBS)

(1) 기압조절실에서 산소로 호흡할 때에는 산소 공급호스와 배기호스가 부착된 산소마스크를 사용한다.

(2) 기압조절실 내외의 압력차이가 2.8배를 초과할 때에는 산소마스크 배출부에 배압조절기(Back pressure regulator)가 장착되어야 한다.

(3) 기압조절실 내·외의 압력차이가 2.8배 이하일 때에는 배압조절기와 연결된 측관밸브(By-pass valve)를 개방하여 호흡저항이 발생하지 않도록 한다.

(4) 산소마스크를 사용할 때에는 들숨이 아닐 때 산소가 공급되지 않도록 공급량을 조절한 후 사용한다.

(5) 실내 텐더가 사용할 수 있도록 여분의 산소마스크와 마스크를 체결할 수 있는 매니폴드를 갖추어야 한다.

4.5 기압조절실 환기

(1) 기압조절실 내 산소농도, 이산화탄소농도, 온도를 〈표 4〉에서 제시된 값 이하로 유지하기 위하여 환기하여야 한다.

〈표 4〉 기압조절실 산소, 이산화탄소, 온도 환기 조건

산소	이산화탄소	온도
25%	1.5%(sev)	29℃

* 대기압 환산농도(Surface Equivalent Value, SEV) 압력보정농도이며, 용량농도(%, ppm)×노출환경의 절대압력(Bar)으로 구한다.

(2) 기압조절실 실내 공기를 환기할 때에는 공기 공급밸브와 배출밸브를 동시에 열어서 환기한다. 이때 기압조절실 내부 압력의 변화가 없어야 한다.

(3) 혹한기와 혹서기에 기압조절실 내부온도를 환기만으로 조절할 수 없을 때에는 기압조절실 내부 온도를 조절할 수 있는 장치를 설치하거나, 기압조절실을 실내 또는 컨테이너 안에 설치하고 해당 공간에 냉난방장치를 설치하여 운영한다.

4.6 기압조절실 가압 후 출입

(1) 기압조절실을 가압한 후 기압조절실 출입이 필요한 때에는 기압조절실의 주실(Main lock)과 부실(Entry lock) 사이의 격문을 닫고 배출밸브를 개방하여 부실의 압력을 낮춘다. 이때 주실의 압력이 저하되지 않도록 주의한다.

(2) 부실의 압력이 대기압과 같아지면 기압조절실로 입실하는 자는 부실로 들어가 부실의 문을 닫는다.

(3) 기압조절실을 운영자는 부실의 압력이 주실의 압력과 같아질 때까지 가압한다.

(4) 주실과 부실의 압력평형 밸브를 개방하여 압력이 같은지 확인한 후, 입실하는 자에게 이동 가능함을 알려 주실로 이동하게 한다.

5. 감압병 응급조치

5.1 감압병 증상

(1) 경증 감압병(제1형 감압병) 증상은 〈표 5〉와 같다.

〈표 5〉 경증 감압병 증상

구분	주요 증상
근골격계	움직임과 무관한 관절 통증
림프계	부종
피부	가려움증, 발진 등

* 관절 통증 가운데 가슴, 복부, 대퇴부, 허리 등의 통증은 중증 감압병으로 간주하여 응급조치를 한다.
+ 피부가 대리석 모양처럼 보이는 증상은 중증 감압병으로 간주하고 응급조치를 한다.

(2) 중증 감압병(제2형 감압병) 또는 동맥혈 공기색전증 증상은 〈표 5〉와 같다.

〈표 5〉 중증 감압병 및 동맥혈 공기색전증 증상

구분	주요 증상
중추신경계 이상	감각변화, 이상감각, 운동수행능력 변화, 떨림, 마비, 소변장애, 인성변화, 혼단, 기억상실, 건만증 등
내이 이상	귀울림, 청력저하, 현기증, 구역, 구토 등
심폐 이상	호흡증가, 들숨 때 가슴 통증 악화, 호흡곤란 등
동맥혈 공기색전증	심한 피로, 사고 불가능, 현기증, 구역, 구토, 피가 섞인 가래, 떨림, 무감각 등

5.2 응급조치의 절차

(1) 잠수 후 잠수작업자가 중증 감압병 또는 동맥혈 공기색전증이 의심될 때에는 〈별표 1〉의 절차에 따른다.

(2) 잠수 후 잠수작업자가 경중 감압병 증상이 의심될 때에는 〈별표 2〉의 절차에 따른다.

(3) 기압조절실을 이용한 응급처치 중 감압병 증상이 재발하였을 때에는 〈별표 3〉의절차에 따른다.

5.3 치료표

5.3.1 치료표 제외

산소를 사용하지 않아 감압병에 대한 고압산소의 장점이 없는 미해군 치료표 1A, 미해군 치료표 2A, 미해군 치료표 3과 운영상 높은 숙련도와 장시간 운영하는 미해군 치료표 4, 미해군 치료표 7은 잠수현장 응급처치용으로 적합하지 않아 응급처치에서 제외한다.

5.3.2 〈별표 4〉 치료표 5의 용도

(1) 산소 호흡주기 2 이하인 기압조절실 감압 중 표면경과시간이 5분 초과 7분 미만일 때, 기압조절실을 이용한 감압은 50피트(15미터)에서 산소호흡시간을 15분 연장하여 30분으로 한다.

(2) 30피트(9미터) 이하 수심에서 7분 이상 감압하지 못하였을 때

(3) 경증 감압병 증상이 있을 때

5.3.3 〈별표 5〉 치료표 6의 용도

(1) 산소 호흡주기 2.5 이상인 기압조절실 감압 중 표면경과시간이 7분을 초과한 때

(2) 30피트(9미터)를 초과하는 수심에서 7분 이상 감압을 하지 못하였을 때

(3) 중증 감압병 증상이 있을 때

5.3.4 〈별표 6〉 치료표 6A의 용도

(1) 중증 감압병 또는 동맥 공기색전증 증상이 의심될 때

(2) 60피트(18미터)에서 감압병 관련 증상의 변화가 없을 때

(3) 60피트(18미터)에서 통증이 지속될 때

5.4 응급조치의 기록 및 후속조치

(1) 치료표를 이용하여 잠수작업자에게 응급조치한 때에는 〈별지서식 1〉의 양식에 기록하여 보
    관한다.

(2) 기압조절실을 이용하여 응급조치 시행 후 증상이 완전히 소멸되었더라도 해당 잠수작업자
    는 의료기관으로 이송하여 잠수의학 전문의사의 검진을 받도록 한다.

   관리자는 잠수사를 물에 보내는 마지막 사람이다

치료표 5

<별표 4> 치료표 5

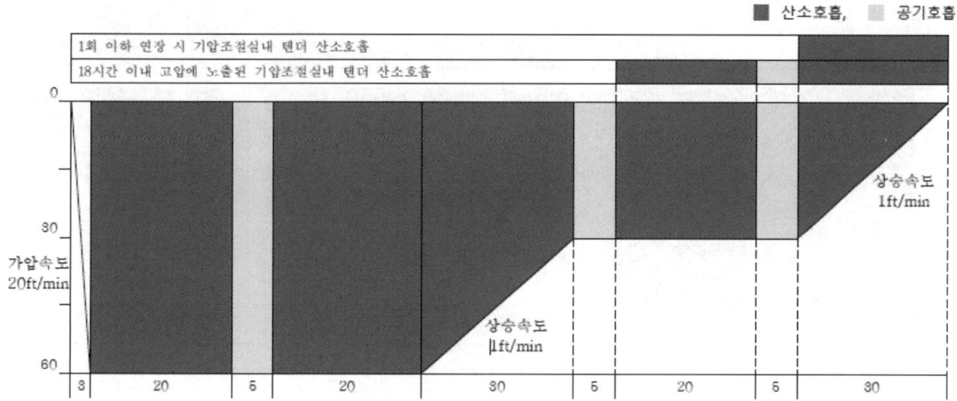

1. 가압속도는 분당 20피트(6미터). 다만, 60피트(18미터) 이하의 수심에서 급상승한 경우, 대상자에게 건강장해가 발생하지 않는 한 최대한 빠른 속도로 가압한다.

2. 감압속도는 분당 1피트(0.3미터). 빠르게 감압한 경우, 감압을 멈춘 후 속도에 맞게 감압한다.

3. 60피트(18미터)에 도착한 후 산소를 공급하고 시간 측정을 시작한다.

4. 중추신경계 산소중독으로 산소공급을 중단한 경우, 중독증세가 완전히 사라진 뒤 15분 후에 다시 산소를 공급한다.

5. 30피트(9미터)에서 산소호흡주기를 **최대 2회** 연장할 수 있다. 60피트(18미터)에서 9미터로 상승할 때, 공기휴식은 없다.

6. 기압조절실에 텐더가 동행할 경우, 해당 텐더는 30피트(9미터)에서 상승할 때 산소로 호흡한다. 만약 동행하는 텐더가 18시간 이내에 고압환경에 노출되었으면, 30피트(9미터)에서 20분간 산소로 호흡하고, 상승 전 5분의 공기휴식을 한 후 상승할 때 산소로 호흡한다.

7. 기압조절실 운영자는 텐더가 산소호흡을 할 수 있도록, 통신기를 통하여 산소마스크 착용을 알려야 한다.

치료표 6

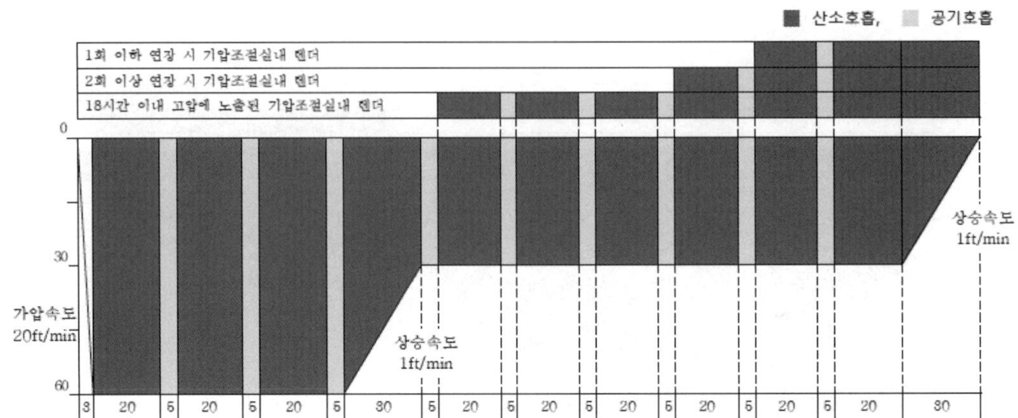

1. 가압속도는 분당 20피트(6미터). 다만, 60피트(18미터) 이내의 수심에서 급상승한 경우, 대상자에게 건강장해가 발생하지 않는 한 최대한 빠른 속도로 가압한다.

2. 감압속도는 분당 1피트(0.3미터). 빠르게 감압한 경우, 감압을 멈춘 후 속도에 맞게 감압한다.

3. 60피트(18미터)에 도착한 후, 산소를 공급하고 시간을 측정한다.

4. 중추신경계 산소중독으로 산소공급을 중단한 경우, 중독증세가 완전히 사라진 뒤 15분 후에 다시 산소를 공급한다.

5. 60피트(18미터)에서 산소호흡주기(20분 산소+5분 공기)를 최대 2회 추가하거나, 30피트(9미터)에서 산소호흡주기[(20분산소+5분 공기)×3회]를 최대 2회 추가할 수 있고, 60피트와 30피트에서 각 2회(총 4회) 추가하여 운영할 수 있다.

6. 산소호흡을 추가하지 않거나 또는 1회 산소호흡주기를 추가하여 운영할 경우, 기압조절실의 내부 텐더는 30피트(9피트)에서 40분 동안 그리고, 상승할 때 산소로 호흡한다. 2회 이상 산소호흡주기를 연장한 경우에는 피트(9미터)에서 60분 동안, 상승할 때 산소로 호흡한다. 18시간 이내에 고압환경에 노출된 기압조절실 내부 텐더는 30피트(9미터)에서 120분 동안, 상승할 때 산소로 호흡한다.

7. 기압조절실 운영자는 보조사가 산소호흡을 할 수 있도록, 통신기를 통하여 산소마스크착용을 알려야 한다.

치료표 6A

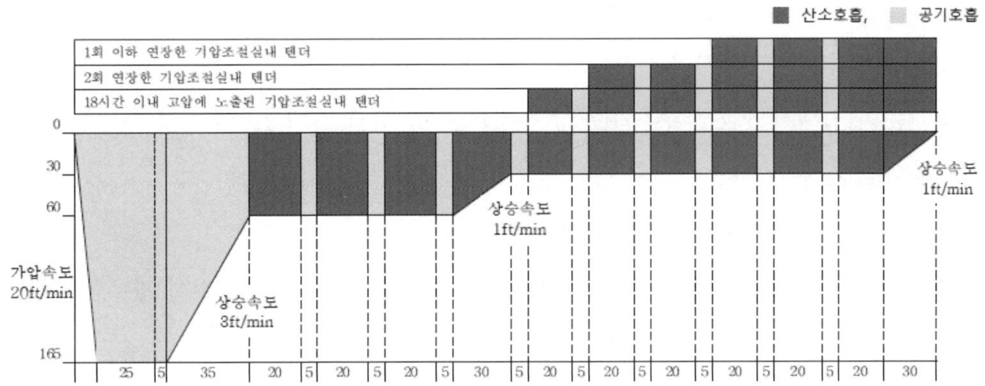

1. 가압속도는 분당 20피트(6미터). 다만, 165피트(50미터) 이하의 수심에서 급상승한 경우, 대상자에게 건강장해가 발생하지 않는 한 최대한 빠른 속도로 가압한다.

2. 감압속도 165피트(50미터)에서 60피트(18미터)까지 분당 3피트(0.9미터) 이하로 감압하고, 60피트(18미터) 이내의 수심에서는 분당 1피트(0.3미터) 이하로 감압한다.

3. 가압시간을 치료표 운영시간에 포함하지 않는다.

4. 가압할 때, 60피트(18미터)에 정지하여, 대상자의 상태를 살피고 의사소통이 가능하면 구두로 확인한다. 165피트(50미터)로 가압하기 전에 60피트(18미터)에서 최대 20분간 머물 수 있다. 다만, 증상이 개선되지 않거나, 악화되거나, 60피트(18미터)보다 깊은 수심에서 급상승한 경우에는 그렇지 아니하다.

5. 165피트(50미터)에서 산소의 분압이 높은 혼합기체(이하 치료기체)를 사용할 수 있다. 다만, 산소의 분압은 3.0bar를 초과해서는 안 되며, 기압조절실 외부 산소배출관에는 배압조절기(Back pressure regulator)를 설치하여야 한다. 기압조절실 내 165피트(50미터)에서 산소가 50%인 헬리옥스로 25분간 호흡하고 5분간 기압조절실 내 공기로 호흡한다.

6. 기압조절실 내 60피트(18미터) 이상에서 치료기체로 호흡할 때, 중추신경계 산소중독이 발생하여 치료기체 공급을 중단하면, 모든 증상이 사라진 후 15분 뒤에 치료기체 공급을 재개한다. 이때, 치료기체로 호흡하지 않는 시간을 응급처치 시간에 포함한다. 상승할 때에도 치료

기체로 호흡할 수 있다.

7. 기압조절실 내 60피트(18미터) 이하에서 100% 산소를 호흡하던 중, 중추신경계 산소중독증상이 나타날 경우, 모든 증상이 사라진 후 15분 뒤에 산소로 다시 호흡한다. 이때, 산소를 호흡하지 않은 시간은 응급처치 시간에 포함하지 않는다.

8. 60피트(18미터)에서 산소호흡주기(20분 산소+5분 공기)를 최대 2회 추가하거나, 30피트(9미터)에서 산소호흡주기[(20분 산소+5분 공기)×3회]를 최대 2회 추가할 수 있고, 60피트와 30피트에서 각 2회(총 4회) 추가하여 운영할 수 있다.

9. 기압조절실 내 보조사가 입실하였을 때, 1회 이하 산소 호흡주기를 연장한 경우, 실내보조사는 30피트(9미터)에서 60분 동안과 상승하는 30분 동안 산소를 호흡한다.

10. 기압조절실 내 보조사가 입실하였을 때, 2회 이상 산소 호흡주기를 연장한 경우, 실내보조사는 30피트(9미터)에서 100분 동안, 상승하는 30분 동안 산소를 호흡한다.

11. 기압조절실 내 보조사가 입실하였을 때, 해당 보조사가 18시간 이내에 고압환경에 노출된 적이 있으면, 9미터에서 120분 동안, 감압하는 30분 동안 산소를 호흡한다.

12. 기압조절실 내 165피트(50미터)에서 30분 동안, 응급처치의 효과가 미미한 경우, 잠수전문의사의 의견에 따라 미해군 치료표 4를 운영한다.

 관리자는 잠수사를 물에 보내는 마지막 사람이다

잠수용 챔버 양해성명서

날 짜: 성 별: □ 남   □ 여
한글성명: 전화번호:
생년월일: 소속명:

챔버운영 양해 각서

이 양해 각서의 목적은 여러분이 잠수재압챔버 체험에 있어서, 챔버운영중 본인과 챔버운영사 사이의 책임 소재를 서면을 통해 규정하는 데 있습니다. 이 잠수재압챔버 체험을 마친 여러분은 이제 안전하게 챔버치유를 할 수 있으며, 자격증 취득 및 챔버운영사를 할 수 있는 준비가 된 것입니다.

챔버 운영사 및 입실자의 책임 — 다음 사항을 지킬 것을 약속합니다

챔버체험 과정은 인간의 성장과 같은 맥락을 갖고 있습니다. 누구나 성장하면서 생활에 대한 책임을 부모님과 공유해 왔을 겁니다. 성인이 되면서 그 책임의 무게는 본인에게로 더욱 크게 옮겨집니다. 챔버체험 과정 중 당신을 담당하는 챔버운영사와 그 책임을 분담하게 될 것입니다.

여러분께서 챔버 체험을 안전하고 즐겁게 이용할 수 있게끔 도움을 드리고자 아래 사항을 고려한 후 열거된 것이니 사실에 근거하여 체크해 주시길 바라며, 문의 사항이 있으면 질문하십시오.

□ 현재 챔버운영사 자격증 소지자임을 증명합니다.

□ 안전한 챔버 체험을 위한 기술 등과 같은 건강이나 안전에 대한 정보를 제공합니다.

□ 챔버 체험자의 권리, 감정, 그리고 과정에 관련된 사항을 존중하겠습니다.

□ 챔버 운영 전의 음주, 또는 위험한 약물을 사용하지 않겠습니다.

□ 챔버 체험자 간의 가능한 명확한 의사표시를 하겠습니다.

□ 챔버 체험자에게 충분한 휴식과 자율시간을 제공하며, 챔버 치료표를 엄수하겠습니다.

□ 챔버 운영사로서 자신의 행동에 책임을 지겠습니다.

□ 육체적으로 정신적으로 완전히 건강하며, 의학 병력서에 정직하게 기재할 것입니다.

□ 매우 춥다고 느끼거나, 피곤하거나, 스트레스가 크다고 느껴지거나, 기분이 좋지 않거나, 아픈 경우 챔버운영사에게 알리고 함께 어떻게 할 것인지를 상의하겠습니다.

이 양해 각서를 잘 읽고 숙지하며, 기재된 사항을 지킬 것을 약속합니다.

챔버 입실자 성명: ___________   서명: ___________

의학 병력서

이 의학적인 질문사항은 챔버 체험 참가에 있어서 담당의의 검진이 필요한지를 결정하기 위한 것입니다. 그것은 챔버 운영 중의 안전에 영향을 끼칠 가능성이 있는 병력에 있어 담당의의 조언이 필요하다는 것을 의미합니다.

다음에 열거한 과거 또는 현재의 병력에 관한 질문에 해당사항이 있으면 V 표시를 하십시오.

☐ 임신 중이다. 또는 임신 중인 것을 의심하고 있다.
☐ 규칙적으로 약물을 복용(피임약 제외)하고 있다.
　　구체적으로 ＿＿＿＿＿＿＿＿＿＿＿＿＿＿＿＿＿＿＿＿
　　45세 이상이며 다음에 해당한다:
☐ 현재 파이프, 시가 또는 담배를 피운다.
☐ 높은 콜레스테롤 수치를 가지고 있다.
☐ 가족 중에 심장마비나 심장 발작의 병을 가지고 있는 사람이 있다.
　　가지고 있었던 적이 있다 또는 당신은 현재 가지고 있다:
☐ 천식 또는 호흡 중 숨이 차거나 운동 중 숨이 찬다.
☐ 심한 꽃가루 알레르기가 있다.
☐ 감기에 자주 걸리고, 정맥두염 또는 기관지염이 있다.
☐ 폐질환을 갖고 있다.
☐ 기흉을 앓은 적이 있다.
☐ 가슴에 외과적 수술을 한 적이 있다.
☐ 밀실 공포증 또는 광장 공포증이 있다. (폐쇄되거나 열린 공간의 두려움)
☐ 움직임에 불편함이 있다.
☐ 간질, 발작, 경련으로 인해 약물치료를 한 적이 있다.
☐ 되풀이하여 발생한 편두통 때문에 약물치료 한 적이 있다.
☐ 빈혈이나 기절한 적이 있다.
☐ 멀미가 심하다.
☐ 다이빙 사고나 감압병에 걸린 적이 있다.
☐ 방사선 치료를 받은 적이 있다.
☐ 허리 수술을 한 적이 있다.
☐ 당뇨병을 갖고 있다.
☐ 허리, 팔, 다리에 수술을 받은 적이 있거나 상해 또는 부러진 적이 있다.

□ 마약중독이나 알코올중독에 걸린 적이 있다.

□ 적당한 운동을 하기 힘들다(12분 내에 1마일 걷기).

□ 고혈압으로 약물 치료한 적이 있다.

□ 심장병을 앓은 적이 있다.

□ 심장마비에 걸린 적이 있다.

□ 후두염 또는 심장 혈관 수술을 받은 적이 있다.

□ 귀 또는 사이너스를 수술한 적이 있다.

□ 귀의 질환, 청력 손실 또는 평형감각을 잃은 적이 있다.

□ 비행 중이나 산행 중 귀 트이기에 문제가 있다.

□ 출혈 또는 다른 혈액질환들을 앓은 적이 있다.

□ 탈장된 적이 있다.

□ 궤양에 걸린 적이 있다.

□ 치질을 앓고 있다.

위의 내용은 내가 알고 있는 모든 나의 대한 병력 사항임을 증명한다.

성명: ___________

서명: ___________　　날짜: ___________

잠수재압챔버 운영기록

치료표 운영 기록

문서 번호:

이름		생년월일	
성별	□ 남 / □ 여	연락처	
챔버 경험	□없다 / □있다	잠수경력	□없다 / □있다 최근1개월　몇 회

치료표 적용 사항

챔버 운영사		전화번호	
날 짜		치료표의 종류	
재압 수심	Ft/M	재압시작 시간	
산소 포화도	%	입실자 혈압	/ 　mmHg
재압 전 증상	□ 있음 / □없음	잠수 이력 증상 및 재압 후 상태	

수심m/Ft	산소주기	시작 시간(분)	호흡 기체	경과시간(분)	입실자 상태
	1차				
	2차				
	3차				
	4차				

관리자는 잠수사를 물에 보내는 마지막 사람이다

관리자는 마지막 판단자다

잠수안전지도자 자격증
Diving Safety instructor

기본정보

자격증명 : 잠수안전지도자 자격증
자격발급기관 : (주)산업잠수협동조합 고객센터 031-543-2993
자격의 종류 : 등록민간자격
자격등록기관 : 한국직업능력개발원 / 주무부처: 해양수산부
민간자격등록번호 : 2020-001192

자격관리. 운영(발급) 기관 정보

기관명 : (주)산업잠수협동조합   대표자 : 정 준 상
연락처 : 031- 543- 2993   이메일 : hq@cdca.kr
소재지 : 경기도 포천시 소흘읍 호국로 116-148   홈페이지 : www.scda.kr

총비용 및 세부내역별 비용
응시료 : 필기 10,000원 / 실기 50,000원
자격증 발급비용 : 70,000원
수강료 : 450,000원

세부내역별 비용 환불규정
- 응시료 : 접수마감 전까지 100% 환불, 검정 당일 취소 시 30% 공제 후 환불.
- 자격증 발급비 : 합격자에게 한하며, 자격증 제작 및 발송 이전 취소 시 100%
  환불되나, 이후 취소 시 환급 불가

<<소비자 알림 사항>>
1, 상기 "잠수안전지도자 자격증" 자격은 자격기본법 규정에 따라 등록한 민간자격으로, 국가로부터 인정 받은 공인자격이 아닙니다.
2, 민간자격 등록 및 공인 제도에 대한 상세내용은 민간자격정보서비스(www.pqi.or.kr) 의 "민간자격소개"란을 참고하여 주십시오.

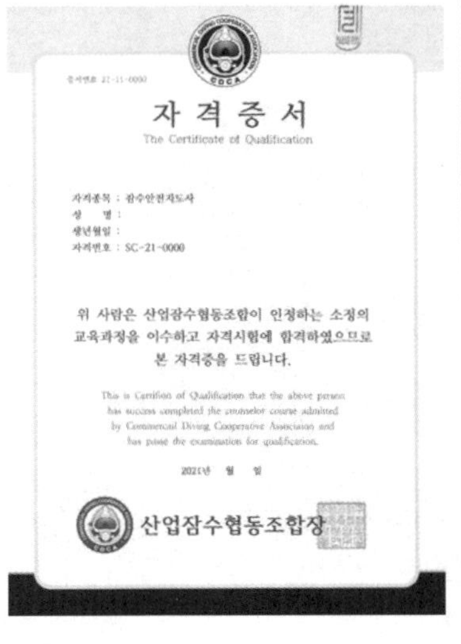

International Commercial Diving Level

국제자격 등록:   ISO 14001:2004 GK-1958-EC
9001:2008 GK-1958-QC

Diving Safety Instructor 잠수안전 지도자

관리자는 잠수사를 물에 보내는 마지막 사람이다

산업잠수는 흔히 고도의 기술과 강한 체력을 요구하는 직업으로 인식된다.

그러나 실제 현장에서의 산업잠수는 기술 이전에 관리의 문제이며, 장비 이전에 판단의 문제이고, 무엇보다 사람에 대한 이해가 전제되지 않으면 결코 안전할 수 없는 작업이다.

현장에서 발생하는 산업잠수 사고의 상당수는 예기치 못한 돌발 상황에서 비롯되지 않는다.

그 사고들은 이미 인지하고 있었던 위험, 괜찮을 것이라 판단했던 선택, 지금은 감당할 수 있다고 믿었던 결정들이 누적된 끝에 발생한다.

이 책은 바로 그 판단의 과정, 그리고 그 판단을 둘러싼 관리의 문제를 다시 살펴보기 위해 집필되었다.

본 도서는 산업잠수를 단일한 기술 영역으로 다루지 않는다.

대신 **산업잠수 안전관리**, **산업잠수 스트레스 관리**, 그리고 **표면공급식 잠수 체계**라는 세 가지 축을 통해 산업잠수를 하나의 관리 시스템으로 조망한다.

이 세 요소는 분리된 개념이 아니라, 현장에서는 항상 동시에 작동하며 서로 영향을 주고받는 하나의 흐름이다.

안전관리가 무너지면 스트레스가 누적되고, 스트레스가 관리되지 않으면 판단은 흐려진다.

그리고 판단이 흔들리는 순간, 어떤 장비와 절차도 더 이상 잠수사를 보호하지 못한다.

이 책이 "사고가 났을 때 무엇을 해야 하는가"보다 "사고가 나지 않도록 어떤 사고방식을 가져야 하는가"에 초점을 맞춘 이유가 여기에 있다.

또한 본서는 산업잠수 현장에서 상대적으로 간과되어 온 스트레스와 심리적 부담을 중요한 관리 요소로 다룬다.

강인함과 인내로 버티는 문화는 오랫동안 미덕처럼 여겨져 왔지만, 그 이면에는 수많은 사고와 조용한 이탈이 존재해 왔다.
스트레스 관리는 약함의 문제가 아니라, 전문성을 지속하기 위한 필수적인 관리 기술이다.

표면공급식 잠수는 이러한 모든 요소가 집약되는 작업 방식이다.
그 안전성과 효율성은 장비의 성능이 아니라 관리자의 판단과 책임 인식에 의해 결정된다.

본 도서는 표면공급식 잠수를 단순한 장비 운용 방식이 아닌, 조직적·관리적 시스템으로 이해하도록 안내하고자 한다.
이 책은 완벽한 해답을 제시하지 않는다.

대신 현장에서 반드시 스스로에게 던져야 할 질문들을 제시한다.
그 질문에 대해 멈추어 생각하고, 작업을 중단할 수 있는 판단을 내릴 수 있을 때, 산업잠수는 비로소 지속 가능한 전문 직업이 된다.

산업잠수의 가치는 한 번의 성공적인 작업이 아니라, 사고 없이 이어지는 시간으로 증명된다.

이 책이 잠수사와 관리자, 그리고 산업잠수에 입문하는 모든 이들에게 보다 안전한 판단의 기준이 되기를 바란다.

저자는 37년 이상 스킨스쿠버강사, 평가관, 표면공급식 잠수, 잠수기능사, 잠수산업기사, 잠수기능장 교육을 5,000명 이상 진행해 오면서 생각한 결론 및 산업잠수 현장에서 잠수사 및 관리자로 활동하며, 해양 구조물 작업, 수중 유지·보수, 표면공급식 잠수 작업 등 다양한 산업잠수 현장 실무를 경험해 왔다.

잠수 작업 수행뿐 아니라 작업 계획 수립, 인원 구성, 안전관리, 표면공급식 잠수 운영 및 관리 업무를 통해 산업잠수가 개인의 기술이 아니라 조직과 판단, 관리로 완성되는 작업임을 체감해 왔다.

또한 산업잠수 교육 및 훈련 과정에 참여하며 현장과 교육 사이의 간극, 규정과 실제 작업 사이의 괴리를 지속적으로 문제의식으로 가져왔다.

그 경험은 "무엇을 아는가"보다 "어떻게 판단하는가"가 산업잠수의 안전을 좌우한다는 확신으로 이어졌다.

■ 참고문헌

- 국제 해양 계약자 협회

  IMCA International Marine Contractors Association

- 미국산업안전보건청

  OSHA Occupational Health and Safety Administration

- **US** Navy Diving Manual Rev7A 2018

- **NCS** 국가직무능력표준 National Competency Standards

- 잠수기(자율안전확인)의 성능기준

- 산업안전보건법 [시행 2015. 1. 1.] [법률 제11862호, 2013. 6. 4., 타법개정]

- 산업안전보건공단 KOSHA GUIDE G-122-2016

- 표면공급식공기잠수 - SCDA

■ 검토 위원

검토 위원

이 기 영

국립군산대학교 해양생물공학과 교수

해양산업기술교육센터 센터장

김 지 현

국립군산대학교 해양산업기술교육센터 교수

이 주 헌

㈜ 산업잠수협동조합/해양산업기술연구소 이사

정 재 환

서울산업잠수학원/잠수기능장

중앙해양 수색구조기술 위원회 자문위원

김 태 효

국가기술검정 감독위원

이 방 일

조선대학교 미디어 경영학 박사

관리자는 잠수사를
물에 보내는
마지막 사람이다

ⓒ 정준상, 2026

초판 1쇄 발행 2026년 3월 27일

지은이   정준상
펴낸이   이기봉
편집   좋은땅 편집팀
펴낸곳   도서출판 좋은땅
주소   서울특별시 마포구 양화로12길 26 지월드빌딩 (서교동 395-7)
전화   02)374-8616~7
팩스   02)374-8614
이메일   gworldbook@naver.com
홈페이지   www.g-world.co.kr

ISBN   979-11-388-5850-2 (13530)

- 가격은 뒤표지에 있습니다.
- 이 책은 저작권법에 의하여 보호를 받는 저작물이므로 무단 전재와 복제를 금합니다.
- 파본은 구입하신 서점에서 교환해 드립니다.